太好看了!

茶的故事◎著

江苏凤凰科学技术出版社 ·南京

图书在版编目（CIP）数据

太好看了！奇妙的手绘图解茶百科 / 茶的故事著
. — 南京：江苏凤凰科学技术出版社，2022.8
ISBN 978-7-5713-2823-8

Ⅰ. ①太… Ⅱ. ①茶… Ⅲ. ① 茶文化 – 中国 – 图解
Ⅳ. ① TS971.21-64

中国版本图书馆 CIP 数据核字 (2022) 第 033476 号

太好看了！奇妙的手绘图解茶百科

著　　者	茶的故事
责任编辑	倪　敏
责任校对	仲　敏
责任监制	方　晨
出版发行	江苏凤凰科学技术出版社
出版社地址	南京市湖南路1号A楼，邮编：210009
出版社网址	http://www.pspress.cn
印　　刷	佛山市华禹彩印有限公司
开　　本	889 mm × 1194 mm　1/16
印　　张	8.5
插　　页	4
字　　数	120 000
版　　次	2022年8月第1版
印　　次	2022年8月第1次印刷
标准书号	ISBN 978-7-5713-2823-8
定　　价	78.00元（精）

过去 10 年，“茶的故事”自媒体一直在坚持做茶知识分享，每天都有数百万的茶友期待我们聊聊与茶相关的各种话题。这个过程中我们经常在想，还有哪些表达方式，可以把茶知识的普及做得更好，所以就有了这本《太好看了！奇妙的手绘图解茶百科》。

茶的根本是一杯好喝的茶汤，这是我们不变的理念。喝茶是一件重要的小事，而茶的核心精神就包含“小事中有大哲理”。如果我们在泡茶、喝茶时，能够追求一个个细节的完美、品质的提升，那么生活是不是也会更美好呢？这一件件小事汇集在一起，成为这本书的基本框架。

在阅读时您会发现，每一篇都有内在的逻辑，但知识点又是散落在眼前的，一个个关于茶知识的细节被掰开了揉碎了，并用精美的插画和精炼的文字呈现出来。

在这里，我们非常愿意与您分享创作这本书时想要达成的几个小目标，我们希望通过这本书：

创造新表达

在这本书里，我们想将茶知识生动形象地分享给您，于是就有了 500 多幅奇妙的插画。这是我们的茶专业团队与有多年绘画经验、风格极具表现力的插画师孙心慧老师合作，共同创作出来的。即使您没有字斟句酌地阅读，也能够通过插画与设计，一眼体会到茶世界的丰富内涵，很多深奥但很重要的茶知识，都会友好地呈现在这本书里。

建立新认知

写作本书过程中，我们一直避免做知识的简单搬运，更多是在建立一种新的认知，一种更好地看待茶、看待科学与世界的视角。茶的知识浩如烟海，是一部一生都学不尽的鸿篇巨制，因此这本书的角色是一名导游，也是一名翻译，带您游览茶的绚丽世界，读完之后如果您流连忘返，想要在生活中打开更多茶知识的大门，那这本书的任务就很好地完成了。

解决新问题

茶是唯一流行数千年不衰的饮品，并且在不断被演绎成各种形式，或古典，或新潮。想想今天大家走在路上，手里拿的加了水果、奶等食材的茶饮，是不是与唐朝煮茶加盐、橘皮的茶汤有异曲同工之妙？这是很有意思的现象，其实它也是人们对风味和美好生活的追求。茶的风味轮、冲泡萃取规律、茶与咖啡的相爱相杀、茶与各种食材的搭配等成为现代茶的新问题，这些在书中都可一探究竟。

这本《太好看了！奇妙的手绘图解茶百科》的阅读过程会是茶知识科普的全新体验，欢迎您随着书中的创意与画面开始一段超有趣的茶之旅，祝您喝茶愉快！

“茶的故事”团队

2022 年 6 月

第一章　从茶园到茶杯

茶的历史大事记 …… **2**

中国的 4 大茶区 …… **6**

江北茶区 …… 6
西南茶区 …… 6
江南茶区 …… 7
华南茶区 …… 7

茶叶的来源：茶树 …… **8**

茶树的品种 …… 8
茶树的外观不止一种 …… 8
茶树叶片的植物学特征 …… 8
茶树的结构 …… 9

在什么环境下，茶树能茁壮成长？ …… **10**

风土 …… 10
种植方式 …… 11

茶农收获季：采摘的技巧 …… **12**

采摘 …… 12
不同的茶可以采下不同等级的叶片 …… 12
采茶的注意事项 …… 13

制茶流程与茶叶分类 …… **14**

绿茶 …… 14
乌龙茶 …… 15
黄茶 …… 16
黑茶 …… 16
红茶 …… 17
白茶 …… 17

这些精制步骤，让茶更好喝 …… **18**

茶叶分级，去除杂物 …… 18
烘焙 …… 19
拼配 …… 19
紧压 …… 19

其他形式的茶 …… **20**

花茶 …… 20
花草茶 …… 20
抹茶 …… 21
混合调味茶 …… 21

茶的健康秘密 …… **22**

茶中主要的有益物质 …… 22
茶的健康功能一览 …… 23

日常健康喝茶 10 大习惯 …… 24

晨起空腹不饮茶 …… 24
肠胃有问题者不饮茶 …… 24
不饮过烫的茶 …… 24
长霉的茶叶不能用 …… 24
不宜只喝茶不喝水 …… 24
喝茶失眠，就调整浓度和时间 …… 25
“醉茶”时可吃饼干或甜食缓解 …… 25
不可将喝茶代替果蔬 …… 25
不可将喝茶代替药物治疗 …… 25
喝完茶要将茶具洗干净，不留茶垢 …… 25

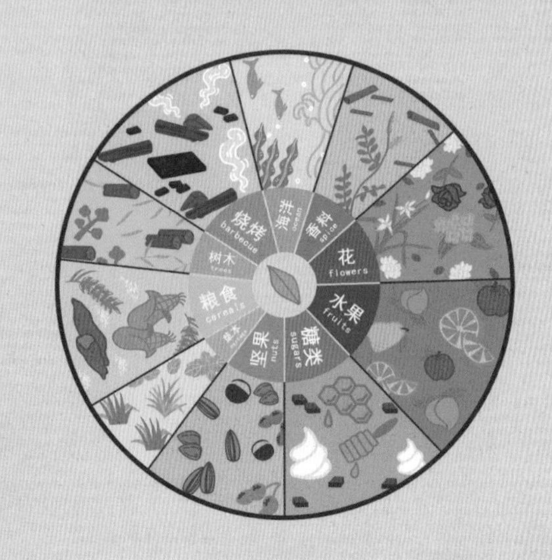

第二章　看懂茶的风味

品茶的 4 个基本感觉 …… 28

视觉：观赏和观察 …… 28
嗅觉：闻香气 …… 28
味觉与触觉：滋味和质感 …… 29
体感：微妙的感受 …… 29

茶叶怎么有这么多形状？ …… 30

为什么要给茶叶塑形？ …… 30
从手工到机械化 …… 30
看外形主要看什么？ …… 31

一杯好茶长这样 …… 32

茶的香气来源 …… 32
茶的味道、口感来源 …… 32
风味的形状 …… 33

风味类型：茶叶风味轮 …… 34

风味的背后：品种、环境、工艺 …… 36

风味影响因素一：茶树品种 …… 36
风味影响因素二：生长环境 …… 36
风味影响因素三：制作工艺 …… 37

各大茶类的风味特点 …… 38

绿茶 …… 38
白茶 …… 38
黄茶 …… 38
乌龙茶 …… 39
红茶 …… 39
黑茶 …… 39

茶的陈化 …… 40

放得越久，茶叶越好？ …… 40
科学存放，会让茶有哪些好的变化？ …… 40
仓储环境很重要 …… 41
放得越久，茶叶越贵？ …… 41

保存和包装对茶品质的影响 …… 42

保存茶叶，最怕的是什么？ …… 42
什么样的包装适合装茶叶？ …… 43
需要陈化的茶比较特殊 …… 43

第三章 泡茶有方法

茶叶冲泡的基本原理…………46
泡茶，就是一种萃取…………46
影响茶叶冲泡的因素…………47
水的影响…………48
古人的择水观…………48
科学分析茶与水的关系…………48
3 种生活常见水…………49
冲泡方式与器具的影响…………50
大杯浸泡…………50
工夫泡…………51
冷泡…………52
煮茶…………53
茶叶状态的影响…………54
这是什么茶…………54
茶叶的嫩度…………55
外形的松紧程度…………55
泡茶可控的变量…………56
放多少茶叶…………56
水温怎么把握…………56
浸泡多久…………57
水流大小也有影响…………57
专业评茶时如何冲泡…………58
专业审评的器具…………58
审评冲泡流程…………59
专业评鉴…………59

第四章 茶与咖啡

茶与咖啡的相似之处…………62
茶与咖啡的历史，从功能性开始…………62
宗教传播…………62
都是健康的生活习惯…………63
泡茶和泡咖啡…………64
从煮饮到泡饮…………64
理性的咖啡冲泡…………65
理性与感性结合的茶叶冲泡…………65
品茶和品咖啡…………66
茶的甜、苦、咸、酸、鲜…………66
咖啡的甜、苦、咸、酸…………66
相似性…………66
形色香味差异大…………67
茶艺师和咖啡师…………68
茶艺师…………68
咖啡师…………69
相爱相杀的两种生活方式…………70
清雅朴实的茶…………70
表达自我的咖啡…………70
速溶咖啡…………71
传承中创新的茶…………71

第五章　茶艺、茶道与民俗

茶席的构成 …… 74

茶席的定义 …… 74
茶席的主题 …… 75
生活中万物都是美学素材 …… 75

打造自己的茶室兼书房 …… 76

挂画 / 书法 …… 76
花艺 …… 76
香道 …… 77
家具 …… 77

茶道思想 …… 78

茶道的发展脉络 …… 78
茶道思想三大内涵之“和” …… 79
茶道思想三大内涵之“静” …… 79
茶道思想三大内涵之“雅” …… 79

潮州工夫茶十步法 …… 80

和茶有关的民俗 …… 82

以茶待客 …… 82
以茶代酒 …… 82
广东人吃早茶 …… 83

云南白族三道茶 …… 83
四川长嘴壶茶艺 …… 83

第六章　茶，全世界都在喝

茶在世界上的传播大事件 …… 86

日本 …… 90

哪里有茶? …… 90
出产什么茶? …… 90
怎么喝茶? …… 91
茶饮料 …… 91
茶泡饭 …… 91

英国 …… 92

凯瑟琳公主 …… 92
下午茶风俗 …… 92
拼配，全球工业体系 …… 93

印度 …… 94

历史 …… 94
99% 是红茶 …… 94
三大产地 …… 95
怎么喝茶? …… 95

斯里兰卡……96

历史……96

出产什么茶?……96

国际红茶贸易代号……97

怎么喝茶?……97

土耳其……98

历史……98

出产什么茶?……98

怎么喝茶?……99

郁金香茶杯、双层子母壶……99

肯尼亚……100

历史……100

出产什么茶?……101

怎么喝茶?……101

第七章 时尚新茶饮，在家也能做

准备……104

家中可以添置的用具……104

材料的预制作……105

茶 + 水果……106

手打柠檬红茶……106

霸气满杯水果茶……107

茶 + 苏打水……108

茶吉托……108

红柚茉香苏打水……109

茶 + 芝士奶盖……110

芝士奶盖芒果茶……110

芝士奶盖茉莉绿茶……111

茶 + 牛奶……112

奇兰奶茶……112

抹茶拿铁……113

茶 + 酒……114

爆香柠茶威士忌……114

高冷乌龙伏特加……115

附录 20 个最容易被误解的茶叶基础知识……116

后记……125

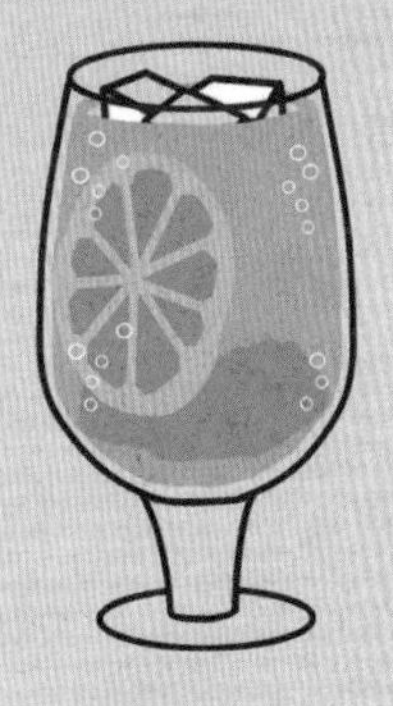

茶
茶
茶

第一章

从茶园到茶杯

从发现到利用，从茶园到茶杯，

从一片树叶到全民饮品，

茶，跨越了数千年历史。

从历史、种植、加工、生化、健康等角度，

理解了眼前这一杯茶如何得来，

就理解了这香味的迷人之源。

茶的历史大事记

茶有着数千年的历史，是中华文化的瑰宝，其中有很多传说和事实是茶叶历史的里程碑，这里按时间的顺序整理了一些大事件，它们影响深远，不可忽视，值得学习与铭记。

传说公元前 2700 年

神农尝百草，日遇 72 毒，得荼而解，那时的“荼”即今天的“茶”。如果传说为真，那么这就是人类发现茶叶功效的开始。

公元前 200 年

秦汉时期的辞书《尔雅》中出现了“槚(jiǎ)”字，并备注“槚，苦荼”，这是目前发现的和茶有关的最早记录。

公元前 59 年

在汉朝，四川的王褒写下《僮约》，这是一篇主人对奴仆的规定合约。其中提到仆人要负责“武阳买茶”“烹茶尽具”，即到武阳的集市买茶，还要负责准备器具和煮茶，这是和茶叶交易有关的最早记录。

227—232 年

三国时期，魏国学者张揖在撰写的中国首部百科辞典《广雅》中提到：“采叶作饼……欲煮茗饮，先炙令赤色，捣末置瓷器中，以汤浇覆之……其饮醒酒，令人不眠。”这是有关茶叶加工、品饮、功效的最早记录。

641年

唐朝文成公主进藏，茶叶作为陪嫁的物品之一。《西藏政教鉴附录》记载：“茶叶亦自文成公主入藏也。”之后西藏饮茶的习俗日渐流行，这是茶叶进入西藏的首次记录。

陆羽所著《茶经》

780年

唐代茶人陆羽写成《茶经》，全面介绍了茶叶的历史、产地、加工、冲泡、品饮、器具等知识，这是历史上第一部专门研究茶的著作。此后茶从一件雅事晋级成为一门学问，饮茶风潮也随之兴起。当时的茶主要是蒸青绿茶，制作时压成饼、团状，喝之前需碾碎煮饮。

1107年

宋徽宗赵佶写成一本关于茶的专论——《大观茶论》，详述当时的茶叶生产、加工、品饮等过程。这是第一部由皇帝写成的茶叶专著，也由于皇帝的推崇，茶叶的地位在宋朝达到一个历史高峰。

宋徽宗

1391 年

明代以前，茶叶很多是压成饼、团状，而且进贡的茶叶大多制作流程繁复，劳民伤财。1391 年，明代皇帝朱元璋推出“罢团茶，兴散茶”政策。从此主流的茶叶形态（团茶）发生变化，社会上开始大力推广散茶，冲泡方式也与现代基本相同。

1524 年

历史上四川地区往边疆经销绿茶，因山高路远，茶逐渐变黑，但口感和消食作用很好，被边疆牧民接受，这便成为黑茶的起源，之后黑茶兴于湖南安化。1524 年，明代御史陈讲在奏章中写道：“以商茶低伪，征悉黑茶。”这是关于黑茶的较早记载。

1570 年

明代许次纾在著作《茶疏》中说：“顾彼山中不善制法……未及出釜，业已焦枯……虽有绿枝紫笋，辄就萎黄……”这是说制茶技术不当，将绿茶闷黄了，时间大概在 1570 年。后来其发展成闷黄后香气独特的黄茶。

1640 年

《清代通史》记载：“明崇祯十三年（1640 年），红茶始由荷兰转至英伦。”说明在那之前就有红茶了，可以追溯到的福建武夷山桐木村，便是红茶发源地。

1646 年

在福建武夷山，天心寺的僧人研究出一种特殊的制茶工艺，将茶叶在竹筛上摇动摩擦，并用炭火烘焙调和香气，这便是武夷岩茶的制作方法，也是乌龙茶工艺的起源。

1885 年

茶界泰斗张天福教授所著的《福建白茶的调查研究》一书记载：1857 年、1880 年，在福建福鼎、福建政和分别发现大白茶树品种，两地依次于 1885 年、1889 年开始用大白茶芽制作银针，后称白毫银针，其工艺与今天的白茶工艺一致。

1979 年

著名茶学专家陈椽教授提出：根据茶叶加工工艺对茶叶颜色、内质形成不同程度的影响，将茶叶分为绿茶、白茶、黄茶、青茶（乌龙茶）、红茶、黑茶六类。此方法奠定了中国茶的分类标准，并沿用至今。

2019 年

第 74 届联合国大会宣布将每年 5 月 21 日设为“国际茶日”，以赞美茶叶对经济、社会和文化所贡献的价值。如今茶被全世界越来越多的人当作日常的健康饮品。

中国的 4 大茶区

如今国内茶叶的产区主要分布在温暖湿润的南方，以及部分北方省份，按地形和气候特征可以分为江北茶区、江南茶区、西南茶区、华南茶区，每个区域都有高山迭起、茶树遍布，同时又极具特色的优质茶园。

江北茶区

我国最北的茶区

以产绿茶为主，包括山东、河南、陕西、甘肃等省份的南部地区，最北至山东的日照、崂山一带。再往北则气候寒冷，不适宜茶树生长了。

名茶举例

山东：日照绿茶、崂山绿茶
河南：信阳毛尖
陕西：泾渭茯茶、紫阳富硒茶
甘肃：陇南绿茶

西南茶区

我国最古老的茶区

主要包括云南、四川、贵州、重庆、西藏等省区。其中云贵高原的古树茶资源丰富，是茶树的发源地，以出产绿茶、红茶、普洱茶为主。

名茶举例

云南：普洱茶、滇红
四川：川红工夫、蒙顶黄芽、雅安藏茶
贵州：都匀毛尖、湄潭翠芽
重庆：重庆沱茶
西藏：林芝春绿

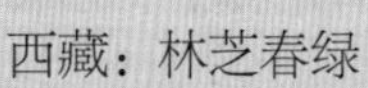

江南茶区

我国茶叶的主产区

此区域四季分明、河道纵横，无过度寒冷气候，密集分布着国内出名的茶品种，以绿茶、黑茶、红茶为主，名茶品种多，主要包括浙江、江苏、安徽、江西、湖南、湖北等省份。

名茶举例

浙江：西湖龙井、安吉白茶、九曲红梅
江苏：洞庭碧螺春、南京雨花茶
安徽：黄山毛峰、太平猴魁、六安瓜片、祁门红茶
江西：庐山云雾、狗牯脑茶
湖南：安化黑茶、君山银针
湖北：恩施玉露、老青砖

华南茶区

产出茶类最多样的茶区

主要包括福建、广东、广西、海南、台湾等省份，大部分区域气候温暖湿润，极适合茶树生长，盛产优质乌龙茶、白茶、红茶、花茶等茶品种。

名茶举例

福建：正山小种、武夷岩茶、铁观音、福鼎白茶
广东：凤凰单丛、英德红茶
广西：梧州六堡茶、茉莉花茶
海南：白沙绿茶
台湾：冻顶乌龙、阿里山乌龙、东方美人茶

茶叶的来源：茶树

茶叶的种类很多，如绿茶、红茶、乌龙茶……它们彼此之间有着不同的外观、颜色、口感，但无论是哪一种，其原料都来自同一种植物——茶树。

扫码看视频

茶树的品种

茶树有很多细分品种，它们的内含物成分类型基本一致，都包含茶多酚、咖啡因、茶氨酸等成分，但比例有所差异。每个产区都有制作当地茶叶的特色品种，比如武夷山的“肉桂”品种，带有天然的桂皮香。

目前，也可以通过人工培育创造出新品种，比如杭州广泛种植的龙井43号。

茶树的外观不止一种

有的茶树有主干，可以长成高大的乔木，比如在云南产普洱茶的茶山，常能见到主干粗壮、高达数米的古茶树，采摘时甚至要爬梯子上去。

有的茶树没有主干，是比较低矮的灌木，比如杭州龙井村，乾隆御赐的“十八棵”茶树，高度不足1米，是一丛一丛的形状。

茶树叶片的植物学特征

整体呈长圆形或椭圆形，两头尖

边缘有锯齿

叶正面光滑，背面有细细的绒毛

有明显主脉，叶脉闭合

茶树的结构

芽

茶树最嫩的部分，有很多毫毛。嫩芽被采摘之后常被制成高等级的茶叶，如明前龙井、金骏眉、白毫银针等。

叶

叶片是人们对茶树利用最核心的部分，而且越接近芽的叶子越嫩，所以常用“一芽几叶”来表示采摘的嫩度或等级。

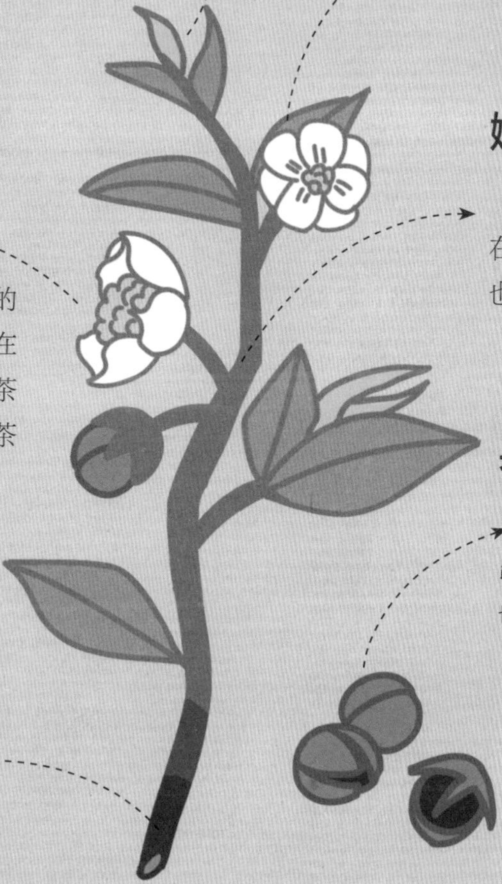

嫩茎 / 梗

绿色、柔软的茎梗一般在采摘时会一同采下，其中也含有一定的香气成分。

花

茶花花瓣是白色的，内部的花蕊黄色，十分纯洁好看。但在实际管理茶园时，一般避免让茶树开花，防止消耗营养，影响茶叶产量。

果 / 种子

茶果成熟后裂开，露出茶籽，可以种出新茶树，也可以用来榨油。

老茎 / 梗

已经变红，甚至木质化的老茎梗不适合做茶，只在黑茶等原料粗老的茶中会看到。

在什么环境下，茶树能茁壮成长？

茶作为一种农作物，种植在不同的自然环境中，其风味会呈现出不同的结果。阳光、土壤、空气、水分、地形、种植方式等，都是造就一杯好茶的关键因素。

风土

茶树具有喜阴喜湿的特点，它不需要过多的阳光直射，有充足降水量的同时，透水性好且偏酸性的土壤更适合茶树生根发芽。

好茶大多产在亚热带地区的高山深处，原因就在于山地可以避免暴晒，降水有保证的前提下拥有良好的排水，一定海拔高度上的云雾还有保湿和防晒作用，“高山云雾出好茶”的说法因此而来。

种植方式

有性繁殖

有性繁殖就是将茶树的种子种在土壤中，等待它破土而出，顺利成长。因为种子是授粉后开花结果而成，所以长成的茶树和其父母茶树都不完全相同（想想人类吧，孩子的长相并非和父母都相同）。这种方式效率偏低，但可以获得基因多样的茶树，目前在科学研究中依然非常适用。

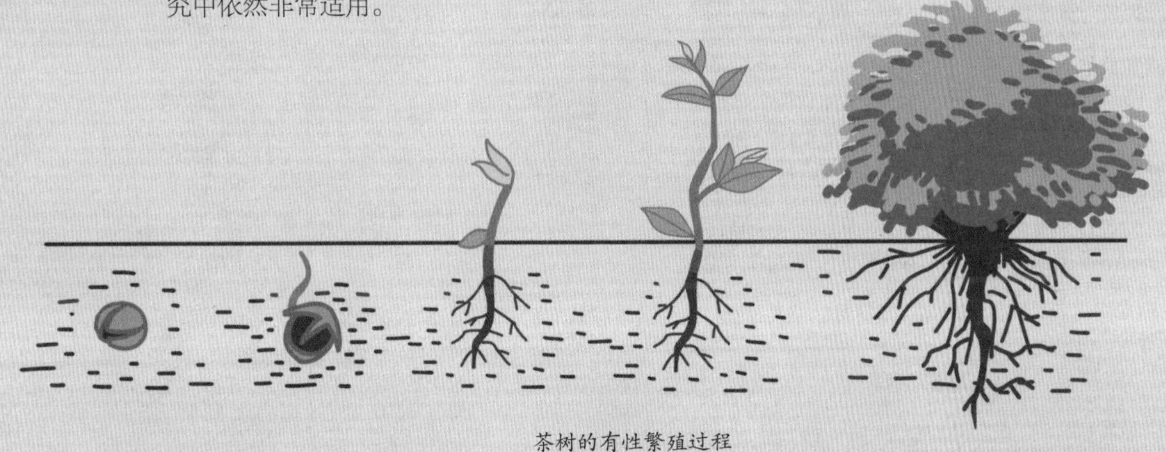

茶树的有性繁殖过程

无性繁殖

无性繁殖是指不经过授粉的繁殖方式、茶农直接用扦插、嫁接等方法，让茶树的枝条直接长成茶苗，进而长成茶树。由于新长成的茶树基因完全来源于原本的母树，所以它们的所有性状都与母树相同（相当于克隆）。

这种批量复制的方法在目前的生产中被广泛使用，效率很高，也可以确保茶叶品质的稳定。

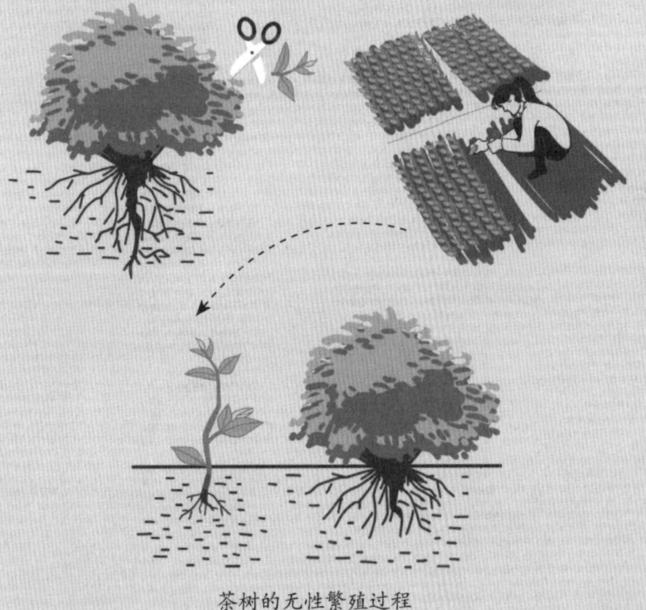

茶树的无性繁殖过程

茶农收获季：采摘的技巧

茶苗栽下之后三到四年即可采摘，每年的春季是茶农最忙碌的时候，他们需要将叶片从枝条上采下，并带回茶厂及时加工、制作。

采摘

手工采摘是最为普遍的茶叶采摘方式。采摘工人根据制作的要求，摘下对应等级的芽叶。为了防止断面变红，工人们会熟练地掰断枝条，而非用指甲掐断。

采茶是一项非常辛苦的工作，一个熟练的采茶工一天可以采摘 15~25 千克鲜叶，如果要求采摘很嫩的芽叶，一天的采摘量通常不会超过 5 千克。

不同的茶可以采下不同等级的叶片

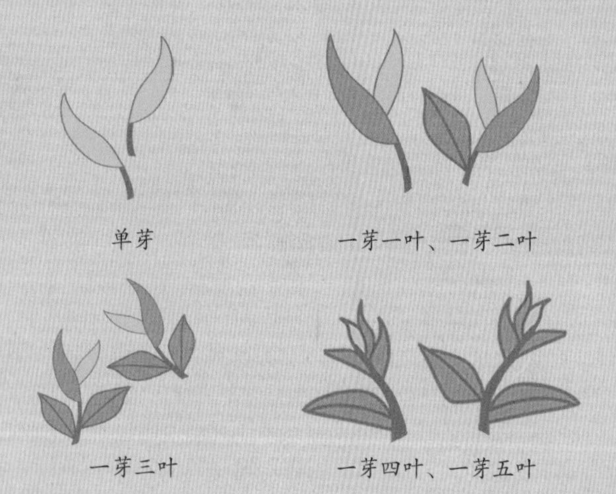

一些等级较老的茶，采摘比较费力，通常采摘人员会在手上佩戴割茶刀，或者直接用割茶机将其快速割下。

采茶的注意事项

以下几种情况，茶农在采摘时会尽可能避免，防止制成的茶叶品质低下，口感不佳。

雨天不采

导致茶叶含水量过高，制作出的茶通常香气低沉。

露水未干不采

同样会使茶叶含水量过高，品质不佳。

细瘦芽不采

发育不良，可能导致内含物质不足，降低品饮价值。

紫色芽不采

花青素等含量高，茶叶苦涩。

老嫩不混采

茶叶等级不一致，制作时难以保持品质均匀，降低整体品质。

虫伤芽不采

茶叶失去正常代谢状态，使茶叶品质低劣。

人为损伤芽不采

制作时损伤处易氧化变色，使茶叶外观花杂。

病态芽不采

芽叶被病菌感染，出现病斑、枯焦等现象，难以表现出原有品质。

制茶流程与茶叶分类

目前茶学界将茶叶分为六大类：绿茶、白茶、黄茶、乌龙茶、红茶、黑茶，它们彼此的差异本质上是发酵度的差异，下面就来看看六大茶类的基本制作流程吧！

扫码看视频

茶叶采摘之后，在茶叶加工厂按照一定的流程制作成各种品类的茶，其中的每一个环节都是人们为了获得一口好喝的味道，在千百年历史中积累而来。即使是相同的鲜叶，也会因不同的加工工艺，最终表现出差异很大的色泽、形状、香气与滋味。

绿茶

茶叶鲜叶中的酶是茶叶发酵的催化剂，如果想要保持茶叶鲜绿，需要尽早终止发酵，即去除茶叶中的酶。基于经验，人们学会了利用热力破坏酶活性，保留茶叶中的茶多酚、叶绿素等，形成清汤绿叶、苦后回甘的特点。此外，热力还能去除叶片中的青臭味，激发香气，这些就是绿茶制作的原理。

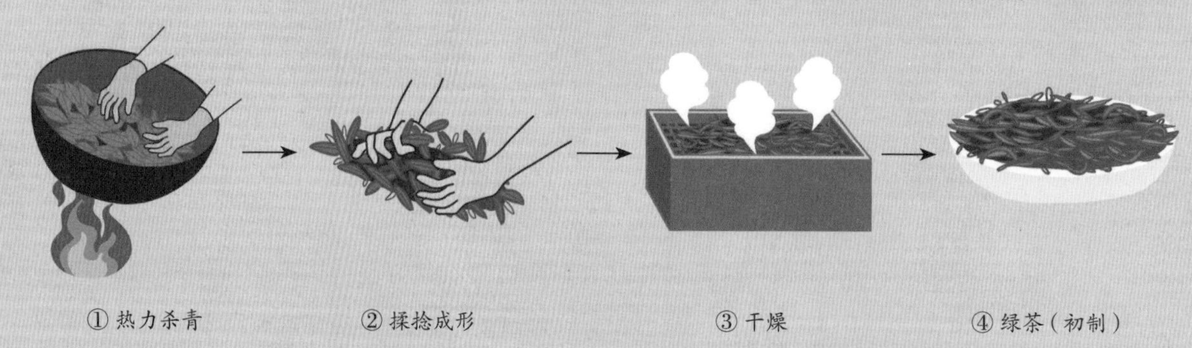

① 热力杀青　② 揉捻成形　③ 干燥　④ 绿茶（初制）

杀青一般用锅炒或蒸汽的方式，破坏茶叶中酶的活性，使其终止发酵，将茶叶品质固定下来。同时茶叶受热变软，之后会更好成形。揉捻是在茶叶上施加力量，可以形成各种想要的形状，此外还能将部分细胞揉破，让茶叶更易出味。

干燥可以用热风烘干、锅中炒干、日光晒干等方式，最终含水量降到 7% 以下，形成干燥的、更稳定的、易于保存的干茶。

乌龙茶

人们发现鲜叶采摘回来时，一路的颠簸晃动，使茶叶产生了更浓郁的香味。经过反复试验，在热力杀青之前先将茶叶反复摇动、静置发酵，产生了奇妙的花果香，这就是乌龙茶的工艺原理。在摇动、静置发酵，乃至之后的烘焙等步骤中，制茶师傅可以灵活调节力度、时间、温度等各种参数，风味类型可以千变万化，变化的依据正是人们对茶叶风味的喜好，以及当下鲜叶、天气的状况，这就是所谓“看茶做茶”的道理。

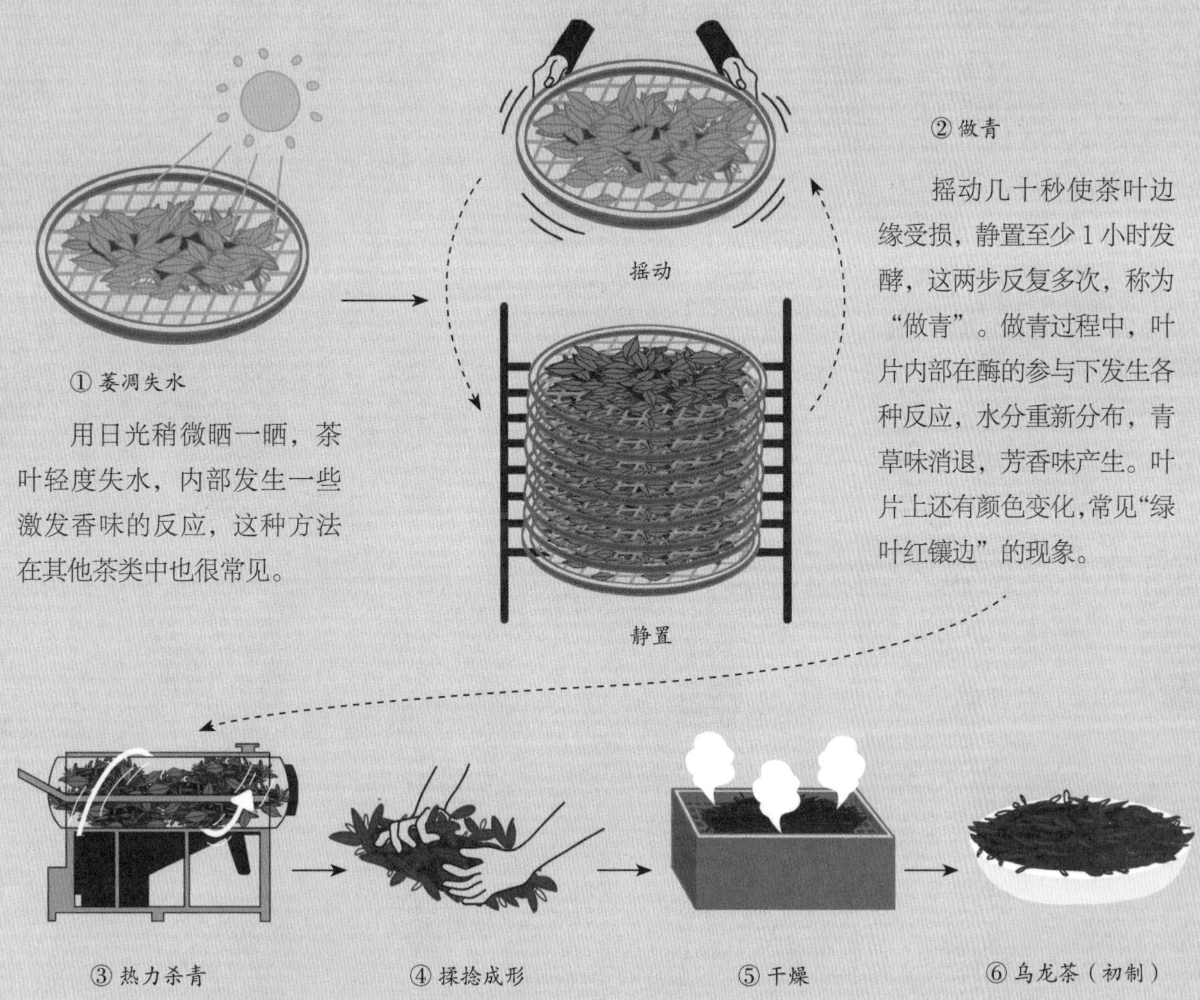

① 萎凋失水

用日光稍微晒一晒，茶叶轻度失水，内部发生一些激发香味的反应，这种方法在其他茶类中也很常见。

② 做青

摇动几十秒使茶叶边缘受损，静置至少 1 小时发酵，这两步反复多次，称为“做青”。做青过程中，叶片内部在酶的参与下发生各种反应，水分重新分布，青草味消退，芳香味产生。叶片上还有颜色变化，常见“绿叶红镶边”的现象。

③ 热力杀青　④ 揉捻成形　⑤ 干燥　⑥ 乌龙茶（初制）

做青之后，乌龙茶便有了风味基础，后续步骤和绿茶相似，即用杀青工艺终止发酵，将品质固定下来。

黄茶

偶然的工艺失误，也会产生新的茶类，黄茶最初就是人们在制作绿茶时，半途搁置太久，茶叶发黄所致。这个过程中不需要氧气（或只需要少量氧气），从而产生了一些绿茶原本没有的色香味，这就是黄茶的工艺原理。

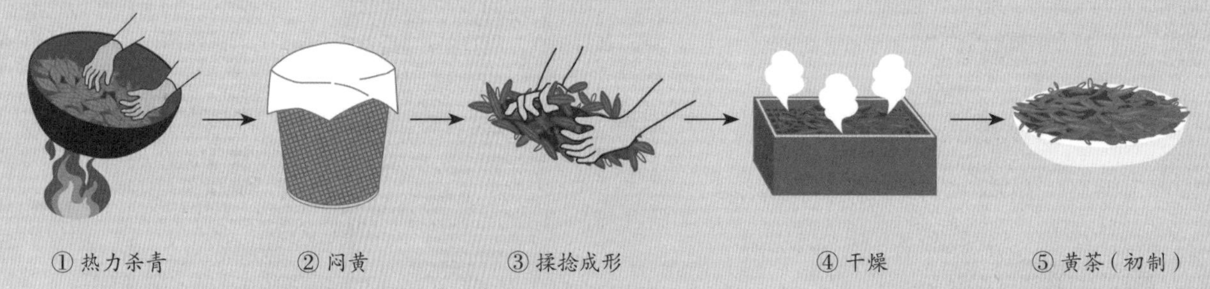

黄茶的特点主要是闷黄工序带来，闷黄就是用湿布或食品级的纸将茶叶覆盖，隔绝氧气，让茶在湿热的条件下进行发酵。此环节可以和杀青交替进行多次，也可以在揉捻成形或适当干燥之后进行。

黑茶

时间往往会带来新风味的灵感。边疆少数民族因为饮食油腻，瓜果蔬菜较少，所以常用本地强健的马匹向中原换取茶叶，以茶易马的茶马古道由此而来。当时换取的还是绿茶，由于山高路远，日晒雨淋，绿茶发生了一定程度的氧化，颜色变深，滋味变得醇厚，还有陈香，这便是黑茶工艺的雏形。

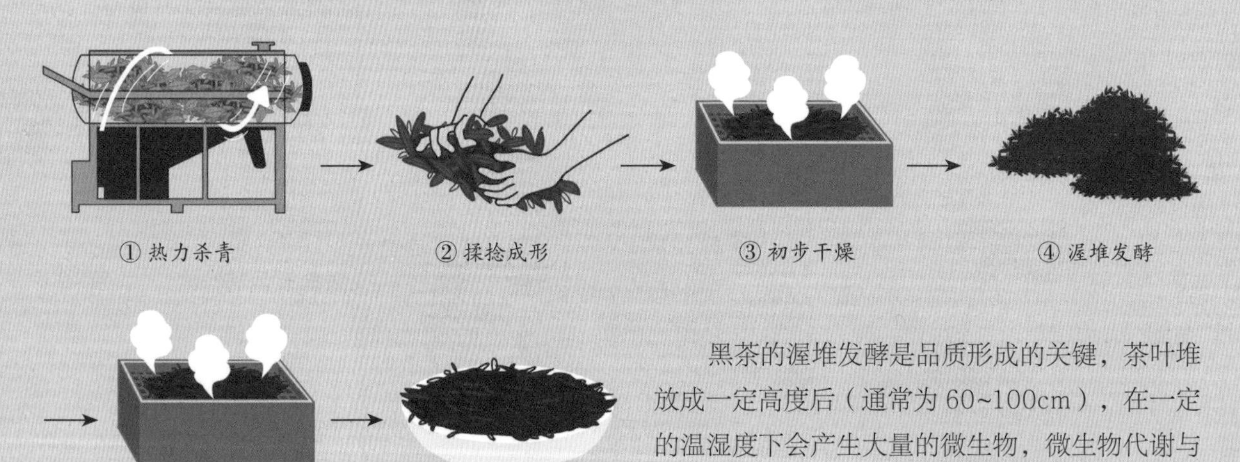

黑茶的渥堆发酵是品质形成的关键，茶叶堆放成一定高度后（通常为 60~100cm），在一定的温湿度下会产生大量的微生物，微生物代谢与茶叶的氧化共同形成一种深度的发酵。在此过程中茶叶颜色开始发红发黑，并焕发陈香。

红茶

红茶的做法并非源自绿茶，而是偶然发现的一种新的制茶方式。人们发现茶叶不经过炒制，直接进行由氧化主导的发酵，茶叶就会由绿变黄，再变红，烘干或焙干后形成红汤红叶、口感温和甜润的特点，这就是红茶的工艺原理。这个过程茶多酚被氧化成很多产物，刺激性小，包容性大，成为许多调饮茶的茶底首选。

前期通过摊晾或鼓风的方式，让茶叶在数个小时里失去一些水分，这个过程会提高茶叶的酶活性，显现茶香，为后续的发酵做物质积累。之后的揉捻会稍重，让细胞破损率达到 80%~90%，以便充分发酵。

与黑茶的渥堆发酵不同，红茶的发酵不是微生物主导的发酵。茶叶在竹筐中与空气中的氧气发生反应，叶色逐渐变红，品质熟化，花香、果香显现。

白茶

白茶的制作在工序上算是所有茶类中最简约的，它的关键在于掌握前期茶叶失水的节奏和程度，最传统的是靠日晒来调节，这可能是人们最早处理茶叶的方法了。

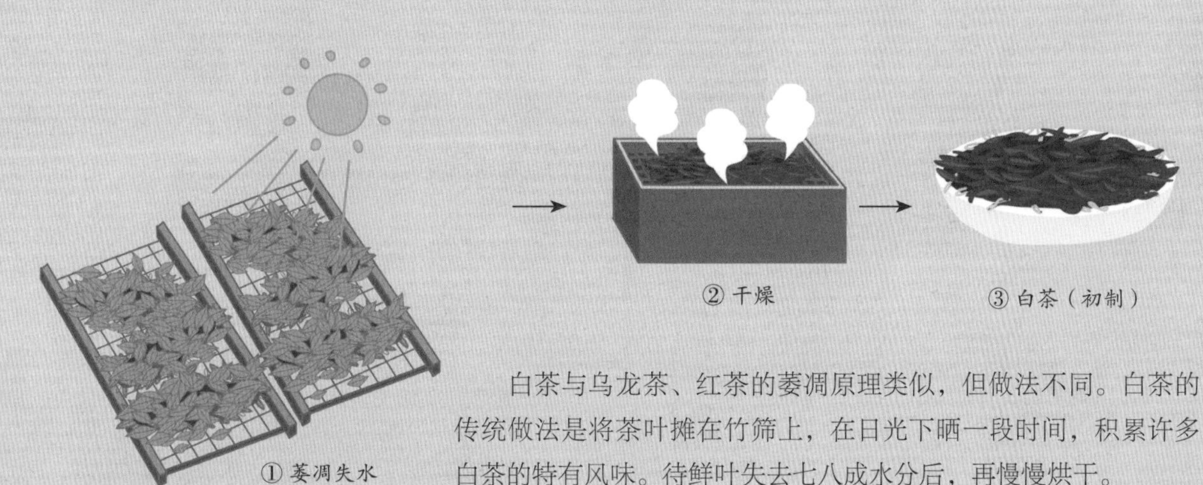

白茶与乌龙茶、红茶的萎凋原理类似，但做法不同。白茶的传统做法是将茶叶摊在竹筛上，在日光下晒一段时间，积累许多白茶的特有风味。待鲜叶失去七八成水分后，再慢慢烘干。

这些精制步骤，让茶更好喝

茶叶在经过基本制作流程之后通常被称为“毛茶”，毛茶还需要进行去梗、筛分等更加精细的处理。各茶类还会根据口感、储运等要求，进行烘焙、拼配、压饼等，让茶叶最终成为可以饮用的成品，这些被统一称为“精制”。

风选机选茶

茶叶分级，去除杂物

可以将茶叶通过大小不同的筛网，按照大小、粗细，给茶叶分成不同的级别，使其外观统一、口感一致，同时还能筛去碎末。

手工选茶

也可用风选机，利用风力将较轻的碎末、适中的茶叶、较重的团块和异物等分开，进一步净化茶叶。

有些茶类采摘原料较老、茶梗粗大，需要去除，少量的一般手工捡剔，大量的则可以用色选机等机器去除，其中的传感器可以通过颜色来辨别茶梗、老叶等。

烘焙

烘培

烘焙就像小火慢炖，可以调和香气和口感。在乌龙茶中，尤其是武夷岩茶的烘焙技艺特别讲究，茶中的香气物质、茶多酚、糖苷等会进行复杂的化学反应，程度由浅入深，茶的风格会从清香到浓香、焦香，口感从清爽到醇厚。

拼配

采茶期间，每天都会有茶产出，将一个时间段采摘制作的同级别的茶叶拼合在一起，可以确保同一批次茶叶口感相同，质量稳定。

用不同时间的茶叶拼配

用不同风味的茶叶拼配

也可以将不同品种、不同季节、不同年份、拥有不同特点的茶叶拼合在一起，形成新的口感，这是茶叶产品研发的重要步骤。

紧压

对于普洱茶、白茶、黑茶等可以长久保存的茶叶来说，存储、运输、后期陈化的便利性非常重要，于是人们想到了蒸软后压紧的做法，目前常见的茶饼、茶砖、沱茶等都是紧压茶。

茶饼的紧压制作

其他形式的茶

有一些茶从六大茶类延伸而来，经过深加工后已看不出原先茶叶的形态；有的加入了其他的植物，口感更多元；还有用非茶植物的叶、花、根茎做成的饮品，拥有特殊的口感和养生功效。

花茶

花茶的窨制

以茉莉花茶为代表的花茶，有独特的制作工艺——窨制，即将绿茶与茉莉花混合，花朵吐香，茶吸香味，之后再将花朵筛去，使茶叶通常看不到花，却有异常浓郁的花香。

通常我们用“几窨”来表达窨制的次数，次数越多表示等级越高，不过 7 窨以上很少见，因其成本较高，且茶的吸香程度也基本达到上限。茶底一般用绿茶，偶尔也见其他茶类，花除了茉莉，也有一些地方选用珠兰花、桂花等。

花草茶

特指那些不含茶叶的植物类饮品，需要与花茶的概念区分开来。其原料可以是其他可食用植物的叶、花、果、根茎、种子等，比如菊花、荷叶、薰衣草、甘草、苦丁茶等都是常见的花草茶。基本所有的花草茶都有一定的养生作用，常用于芳香疗法、食疗等。花草茶种类繁多，特性各异，在使用其治疗疾病时，需要咨询专业医生或药剂师。

抹茶

宋代人饮茶时喜欢将茶研磨成粉，其间传到日本并发展出抹茶，成为日本茶道的主角，也是饮品、甜点的重要调味品。

研磨及打抹茶的工具

抹茶的制作从茶树栽培开始就有讲究，适当的遮阴会让茶树生成更多的叶绿素和氨基酸，茶叶的嫩绿程度与鲜甜度都比常规茶叶要高。之后经过蒸汽杀青、烘干、精选、研磨而成。

由于饮（食）用时是将叶片吃下去，所以对茶中有益成分的吸收程度非常高，养生效果亦被看重。

混合调味茶

以茶为基本原料，直接加入其他植物的饮用部分，就制成了混合调味茶。混合调味茶因为口感多样，而且在甜度、香气上比单纯的原叶茶更加丰富和直接，常受到年轻人的喜爱。

常见的混合调味茶有桂花龙井、陈皮菊花普洱等，还有加入玫瑰、山楂、荷叶、玄米等的养生茶。

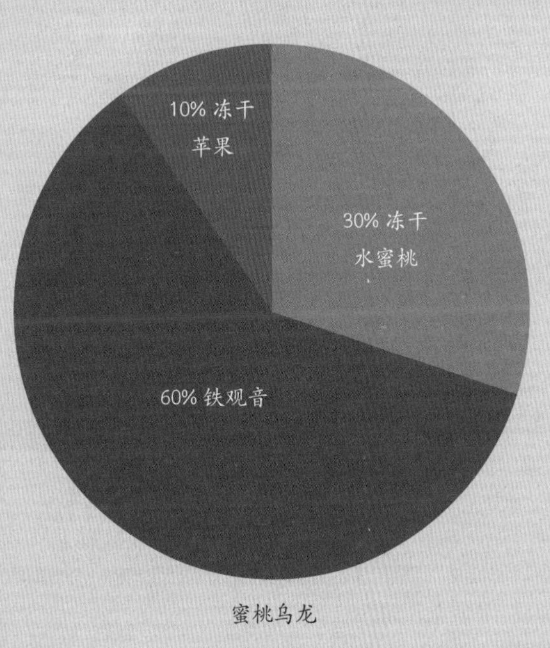

蜜桃乌龙

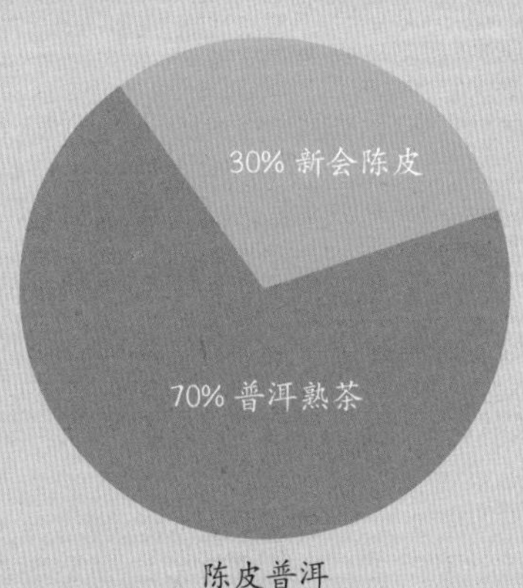

陈皮普洱

茶的健康秘密

健康是人们喝茶最底层的需求，在经历了药用—食用—饮用这条演变路径后，茶成为生活中不可忽视、中国家庭必备的健康饮品。

扫码看视频

茶中主要的有益物质

茶多酚（占茶叶干重的 18%~36%）

茶多酚是 30 多种酚类物质的混合，也是茶中含量最高的成分，有很强的抗氧化作用，可以防止正常细胞和组织的损坏，减缓衰老，抗菌消炎的效果也很明显。同时，茶多酚对茶汤的浓厚度、苦涩感、回甘等影响显著。

生物碱（占茶叶干重的 3%~5%）

茶叶中的生物碱大部分为咖啡因及少量的茶叶碱、可可碱，有明显的提神、消除疲劳作用，还可增强心脏搏动能力和尿液排出能力。

茶氨酸（占茶叶干重的 1%~2%）

茶中的氨基酸有 50% 是茶氨酸，它是一种神经舒缓剂，可以使人平静，同时减缓咖啡因的作用，使人不会过度兴奋。在滋味上，它能让一杯茶有很鲜甜的感觉。

其他物质

茶多糖（占茶叶干重的 0.5%~3%）

茶多糖是一些复合的糖，它们不带甜味，但具有降糖、降血脂、抗血栓的作用，尤其在一些原料比较成熟、粗老的茶中（如黑茶、乌龙茶等）含量更高。

茶叶的成分

EGCG（表没食子儿茶素没食子酸酯）

EGCG 属于茶多酚中的核心成分——儿茶素的一种，号称茶中“最强抗氧化剂”，其抗氧化性是维生素 C 的 100 多倍，是维生素 E 的 20 多倍，有助于延缓机体衰老。

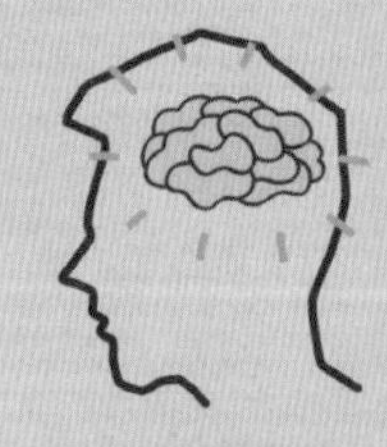

γ－氨基丁酸

γ－氨基丁酸属于氨基酸的一种，是一种对神经传导有积极影响的物质，可以安定精神、增强记忆力、改善更年期和老年综合征等。

茶的健康功能一览

抗辐射

茶的抗辐射、修复损伤效果已经过小白鼠实验的证实，可防止紫外线等电磁辐射的影响，对常面对屏幕的现代人有益。

提神醒脑

茶中的生物碱有明显的兴奋中枢神经作用，可振奋精神，减少睡意，降低疲劳感。

舒缓神经

饮茶后一段时间，氨基酸等安神物质会抵消生物碱的提神作用，降低血压，人转为神经舒缓、身心放松的状态。

口腔健康

茶中的氟可以健齿固齿，茶多酚的消炎杀菌能力可去除口腔异味，促进口腔溃疡愈合。

杀菌消炎

茶多酚有较强的杀菌消炎作用，例如口腔溃疡患者就可以通过含漱茶水缓解症状。

降血压、血脂、血糖

长期保持喝茶习惯，茶中的活性成分有助于改善心血管的各项指标。

促进消化

茶可以促进肠胃蠕动，改善脂类代谢，减少油脂吸收。可当作促消化、解油腻的饮料。

利尿

茶中的咖啡因可以促进血液循环，帮助肾脏泌尿并排出。

抗氧化

人体代谢过程中会产生一些不稳定的自由基，自由基过多可诱发多种疾病。茶中多种抗氧化成分可以清除自由基，减少疾病发生。

日常健康喝茶 10 大习惯

一些错误的饮茶方法，会让喝茶这件事变得不够健康。即使吃饭喝水也有时间、分量、品质等要求，喝茶同样如此。

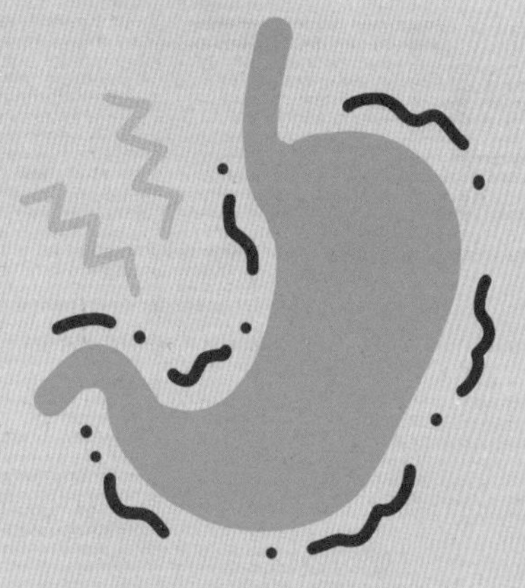

晨起空腹不饮茶

早上起来肚子空空，肠胃还没有开始工作，茶多酚的收敛性会对肠胃有刺激作用，容易引发胃不适，建议吃完早餐再开始喝茶。

肠胃有问题者不饮茶

喝茶并不养胃，无论是哪一种茶，对肠胃都有一定的刺激性，因此不建议肠胃疾病患者饮茶，以免加重不适感。仅仅是肠胃敏感的人，可以喝一些发酵度高的茶，如红茶、黑茶等。

不饮过烫的茶

人体的食道黏膜很薄弱，过烫的茶、水、食物等都可能让食道受损，目前 65 ℃以上的热饮已被世界卫生组织列为 2A 类致癌物，建议茶冲泡出来后慢慢品饮。

长霉的茶叶不能用

茶叶的本质是一种食品，长霉就说明其已经受潮变质，晒一晒、炒一炒等方式都不能去掉霉菌等有害物质，为了身体健康，还是将其丢掉为好。

不宜只喝茶不喝水

茶有利尿的作用，因此喝茶时往往会加快水分的排出。如果每天只喝茶不喝水，身体可能会长期处于脱水状态，建议每天茶和水的饮用量可以五五分。

喝茶失眠，就调整浓度和时间

有些人有喝茶失眠的情况，冲泡时可以少放点茶叶，减少提神作用。此外茶的提神效果大概 8 个小时就会发挥殆尽，所以也可以注意喝茶的时间，比如下午 4 点后不喝茶，等睡觉时就几乎没有影响了。

喝茶易失眠者可减量

喝茶可配甜点

“醉茶”时可吃饼干或甜食缓解

喝茶过量，摄入咖啡因过多，人就容易出现血糖降低、头晕目眩、浑身无力、冷汗直冒等现象，俗称“醉茶”。家中可以常备一些饼干、甜品、蜜饯等，喝茶一段时间后吃一些，让血糖恢复正常值，可有效缓解醉茶。

不可将喝茶代替果蔬

茶叶的维生素含量占干茶重量的 0.6%~1%，每天的摄入量有限。此外，茶中仅有 B 族维生素、维生素 C 等水溶性的维生素可溶于水，可以被人体摄取，维生素 E、维生素 K 等脂溶性维生素不溶于水，人体无法摄取，除非将茶叶吃下去。

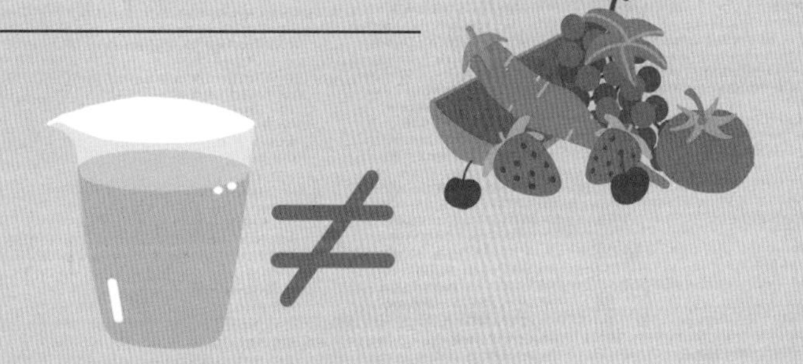

不可将喝茶代替药物治疗

古籍中说“茶为万病之药”，这是对茶保健作用的肯定，但也是一种夸张的说法。生病就医，需要按医嘱服药，只靠喝茶治病不可取。

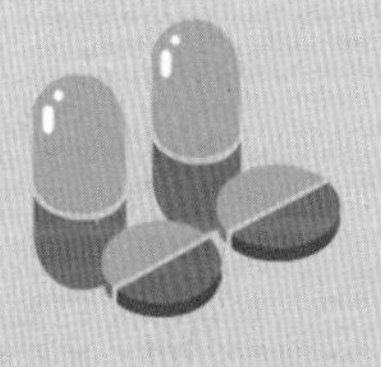

喝完茶要将茶具洗干净，不留茶垢

很多人喜欢将茶垢留在茶具上，或是将茶泡在壶里一夜甚至数日，以为是“养壶”，实际上茶垢疏松多孔的结构正是细菌的温床。喝完茶之后，建议将茶具洗净晾干，一些顽固茶渍可以借助小苏打、茶垢清洁剂来清洁。

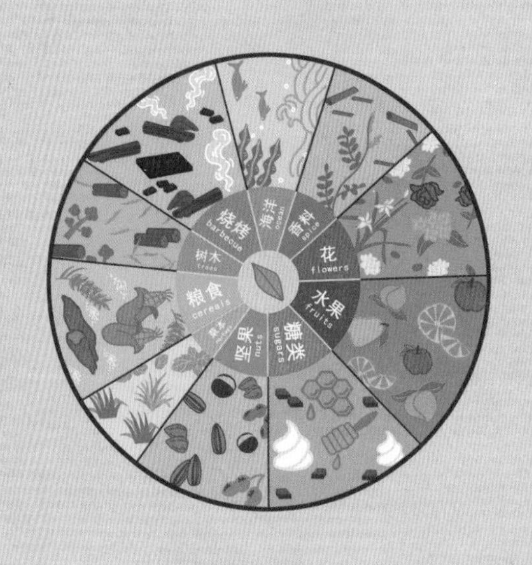
烧烤
barbecue
海洋
ocean
香料
spice
花
flowers
水果
fruits
糖类
sugars
坚果
nuts
粮食
cereals
树木
trees

第二章

看懂茶的风味

茶的风味在一杯茶中，

但同时，它也在我们的舌尖，

需要用整个身心去感受。

从茶开始，

爱上生活中千般美好的风味，

正是茶带给我们的积极的生活态度。

品茶的 4 个基本感觉

品尝一杯茶，需要尽可能多地调动感官，包括视觉、嗅觉、味觉等，它们和大脑相连，感受和记忆着茶带来的一切。

扫码看视频

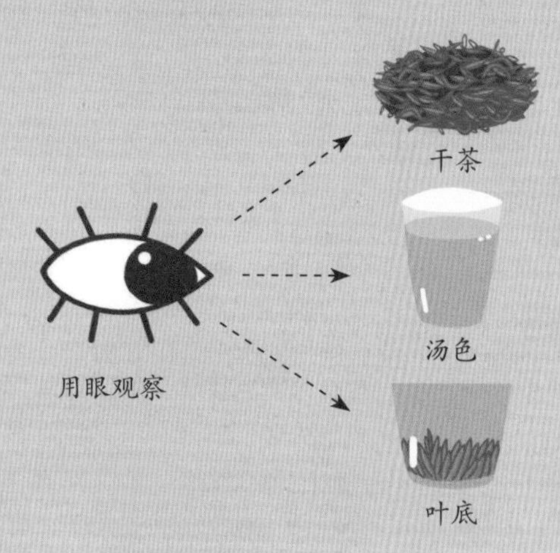

用眼观察

视觉：观赏和观察

观赏：中国茶的饮用很注重全方位欣赏，均匀、细致的干茶，清澈的茶汤，看着都是一种美的享受。

观察：经验老到的茶友会根据干茶外形、颜色等，判断茶的等级和分类，进而对冲泡方法有心理预估。观察茶汤可以直观感受到茶的纯净度和浓淡程度。泡完剩下的叶底，也会透露茶的老嫩、工艺是否有问题等。

用鼻子嗅闻香气

嗅觉：闻香气

茶叶中的芳香物质会被嗅觉细胞捕获，我们可以通过直接闻杯中的茶汤来感受香气，还可以闻盖碗的盖子、喝完的杯底等，体会香气的“留存”和“挂杯”感。茶汤入口后，因口腔和鼻腔是连通的，也会有一些挥发的香气被感受到。

另外，茶的香气实际是由数百种芳香物质构成的综合体，且每种芳香物质的含量、挥发性不同，因此我们在不同的时间点嗅闻茶香，会有不同的体验，类似香水的前、中、后调。

味觉与触觉：滋味和质感

茶水中溶解的物质会被味蕾识别，然后传递到大脑，让人体会到鲜、甜、苦等，这些可称之为“滋味”或“味道”。

同时，口腔、喉咙与舌面一起感受到茶的浓度、刺激强度，连带的唾液分泌、水润或干燥等体验，这些可称之为“质感”或“口感”。我们常说的茶的涩味实际上并非一种味道，而是舌头感受到茶多酚时的一种略带麻木与不滑润的口感。

用舌头尝滋味　　用口腔感受

体感：微妙的感受

茶汤入口之后，口、鼻腔以外的身体其他部分产生的可感知的变化，称为体感。比如血液循环加快带来的微微发热、出汗，神经的舒缓、放松感，可能出现的打嗝等。

以上所述的嗅觉、味觉、触觉、体感共同构成了茶的风味。

茶叶怎么有这么多形状？

茶叶的外形有很多种样式，有经验的冲泡者在拿到茶叶之后，会根据外形来选择相对适合的冲泡方法。通常茶叶越松散，与水接触面积越大，浸出速度越快，需要注意不要过浓。

为什么要给茶叶塑形？

紧实的茶便于运输

给茶叶塑形（比如揉捻）的背后有实际的需求，比如让原本蓬松的叶片变得紧实，运输的时候会更加方便，破碎和受潮的概率也会大大减小。塑形的过程还可以让茶叶的细胞产生一定程度的破损，冲泡时内含物渗出更快，茶叶更容易出味。

此外还有美观的需求，中国人喝茶很注重一个“雅”字，漂亮的外形也会让喝茶的过程变得更加享受。

用机械揉捻茶叶是制茶的一大进步

从手工到机械化

最早的茶叶制作，基本都是手工，人们的两个手掌加十根手指，可以练就很多种手势，如压、拿、揉、搓等，好似“全身按摩”。随着茶叶需求量的加大，各种工具和机器陆续发明出来，茶的塑形已不再是困难的事情了。

看外形主要看什么？

评茶师会从干茶的外形、老嫩、色泽、完整度、干净度等方面评判茶叶等级与质量，这些是专业审评中不可缺少的项目，普通茶友也可以从中知道一款茶到底好不好，以及怎么冲泡。

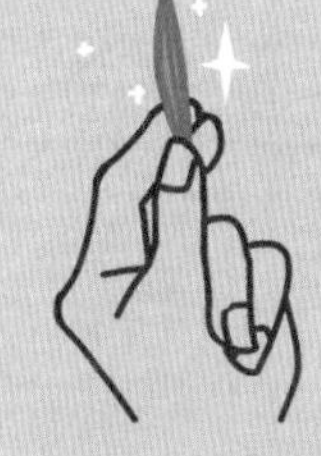

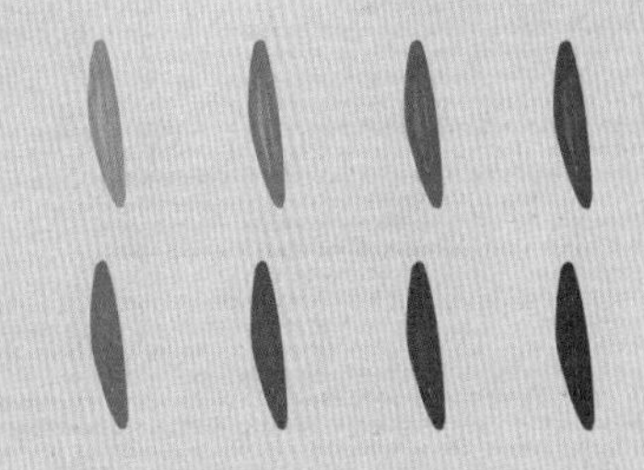

形状

常见的有条形、扁形、球形、颗粒形，以及紧压成的饼形、砖形等，一般茶叶越紧实，出味越慢，冲泡时可调整冲泡参数，比如略微增加投茶量，或者加长出汤时间，得到想要的浓度。

老嫩

从茶芽的多少、叶子的大小可以看出嫩度，嫩度高的茶滋味鲜爽，是高档绿茶、红茶的特征。不过老嫩并不绝对说明茶叶好坏，如寿眉白茶、黑砖茶，需要老一点的原料才能突出品质。

色泽

干茶的颜色多样，红、黑、白、黄、绿都有，以均匀有光泽为好，花杂枯暗为次。另外，颜色也显示出茶的类别、发酵度或者烘焙程度，一般颜色越浅、越绿，说明风格清爽；颜色越深、越黑，则表示风格温和厚重。

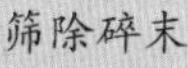

筛除碎末

不可有茶以外的杂物

完整度

指的是茶叶是否完整、是否有碎末，除非是专门弄碎的（比如红碎茶、传统祁门红茶），否则碎末越少越好，以免影响口感和品饮体验。

干净度

表示茶叶是否干净整洁，没有小石头、竹片等非茶物体。

一杯好茶长这样

“好香”“好喝”“舒服”是一款茶的重中之重，它们源自茶汤中的各种物质，共同支撑起风味的形状。

茶的香气来源

茶的香气源自茶叶内部天然含有的芳香物质，它们的种类有数百种，虽然总含量不多（占茶叶重量的 0.005%~0.03%），但却带来了非常明显且浓郁的香气。

在不同茶叶中，这些芳香物质以不同比例组合形成了多样的香气类型，最终被我们的嗅觉捕捉到。比如龙井的清香、滇红的甜香，正是它们含有的香气成分种类、比例不同所致。

茶的香气丰富多样

茶的味道、口感来源

在前面的内容中，讲到茶汤的味道和口感共同构成了茶的口腔风味，也讲到茶多酚、生物碱、茶氨酸、茶多糖等是茶中影响人体健康的关键成分，这些关键成分就是风味的基本来源，如果将一杯茶的这些成分完全抽离，那这杯液体不仅毫无茶味，甚至也不能叫作茶了。

与香气的逻辑大体相同，不同的茶之所以有天差地别的风味，也是因为这些关键成分以不同比例组合存在着，加上维生素、矿物质、有机酸等微量物质，茶的味道与口感显示出无比丰富的类型。

风味的形状

每款茶都有其性格，品尝的时候就像接触一个人，你用你的各个感官去评判，最后输出一个整体的印象。下面我们就将茶的风味做一个简单的拆解，帮助大家理解为什么茶会有如此多样的风味体验。

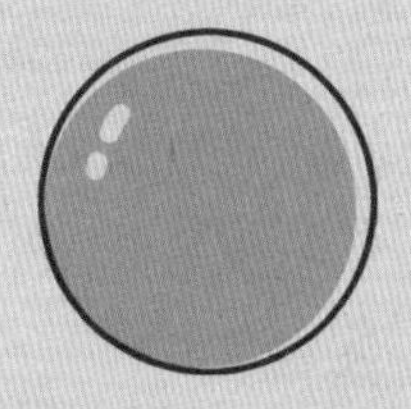

愉悦的香、甘甜味、鲜味

有这些特点的物质，我们希望越多越好，往往茶叶品质越好，这些风味越明显。

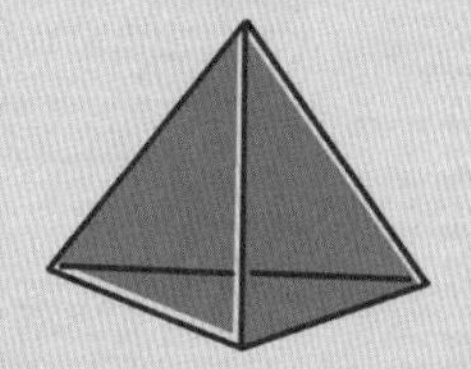

太多会让人不舒服的苦味、涩味、酸味

它们是茶正常的味道与口感，含量在一定范围内会让茶汤喝起来更饱满、丰富而有层次，但含量太多就会让人不舒服。

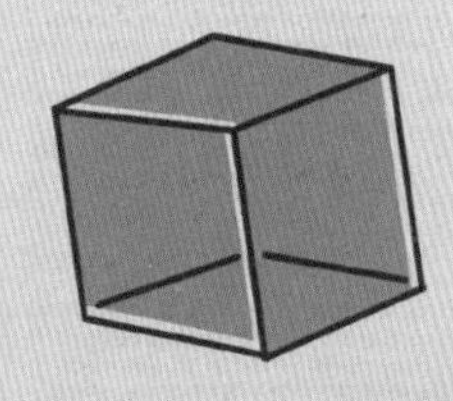

更丰富的生津、回甘、余韵，神经放松感等

这些是茶汤入口之后，带来的持续的、舒服的感觉，包括兴奋的、舒缓的体感，它们让人对茶有更立体、更多维度的体验。

不能有的霉味、烧焦味、水闷味等

有好茶就有坏茶，影响喝茶体验的风味最好都不要有，或者越少越好。

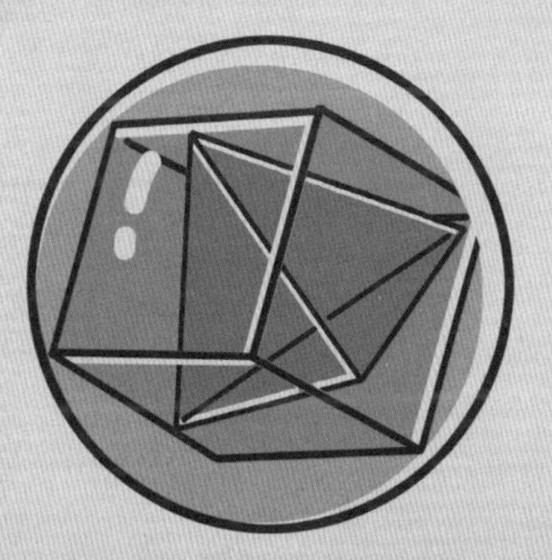

好茶的风味形状示意

一款香气清雅、口感愉悦、体感舒适、韵味悠长的好茶，风味形状如上图所示。每一个形状的大小、彼此的配合，和我们感受到的浓淡、厚薄息息相关。

茶叶风味的好坏首先受茶树生长环境与自身品种的影响，其次受制作工艺的影响，最后还受到冲泡方法的影响。一杯好喝的茶却是得来不易。

风味类型：茶叶风味轮

关于风味类型的描述都来自我们知道的事物，凭借生活中已知的香和味，可以帮助我们建立评判茶叶好坏的标准。

扫码看视频

形容茶的香气和滋味类型是一种高级的评茶技术，对普通茶叶爱好者来说会有些困难，想学会茶的风味描述可以参考右页茶叶风味轮的思路，先将茶的香气与滋味分解为不同的类型，对每个类型再进一步往下细分，品茶时回想日常的近似事物，进而了解这款茶的特点。

当然，每个人的形容都和自己的经历相关，例如没吃过苹果的人，就很难在闻到苹果香味时联想到苹果。这一点就需要我们自己在生活中留心体会了。在大脑中建立风味数据库，记住每一种香味带给自己的感受，下一次在茶中再次遇到时就能“调取资料”，深刻领会了。

比如有一次喝到一款武夷山的岩茶，制茶师傅说有独特的苔藓味，我们团队的小伙伴刚听到时很难理解，苔藓是什么味道？难道要吃一口苔藓才知道？后来上茶山考察才明白，武夷山的山谷中气候湿润，茶园中、岩石上多有苔藓，山风吹过会有一股清新感，再回想起喝那款茶时的感觉，竟然高度契合。

烧烤
barbecue
海洋
ocean
香料
spice
花
flowers
水果
fruits
糖类
sugars
坚果
nuts
草本
herbage
粮食
cereals
树木
trees

茶叶风味轮

风味的背后：品种、环境、工艺

在茶叶制作完成之前，有三大因素会直接影响茶叶风味：茶树品种、生长环境、制作工艺。在品味一杯茶的时候，我们喝到的茶，很多关键品质都可以反推到这三点上来。

扫码看视频

风味影响因素一：茶树品种

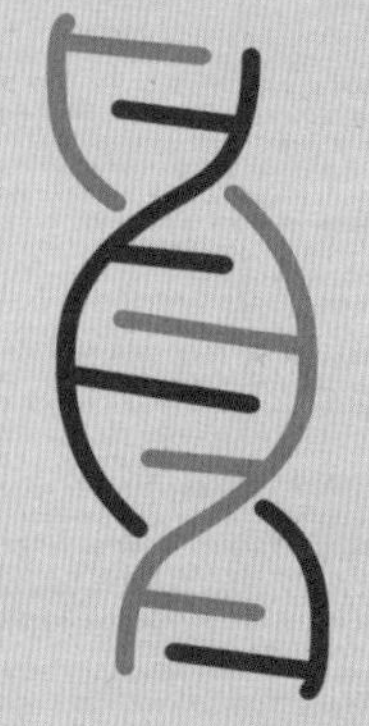

就像人分高矮胖瘦，各茶树品种的基因不同也会导致物质基础差异，进而影响基础的风味，这内在的差异就是各品种独有的“品种风味”。

在不同的维度下，茶树品种之间都有所区分。比如按照叶形，可分为小叶种、中叶种、大叶种，特大叶种。一般情况下，叶片越大，制成的茶叶口感越浓厚；叶片越小，制成的茶叶越鲜爽清淡。

还可以按照树形分为灌木、乔木等，通常低矮灌木茶树制成的茶口感柔顺，乔木的滋味厚重。

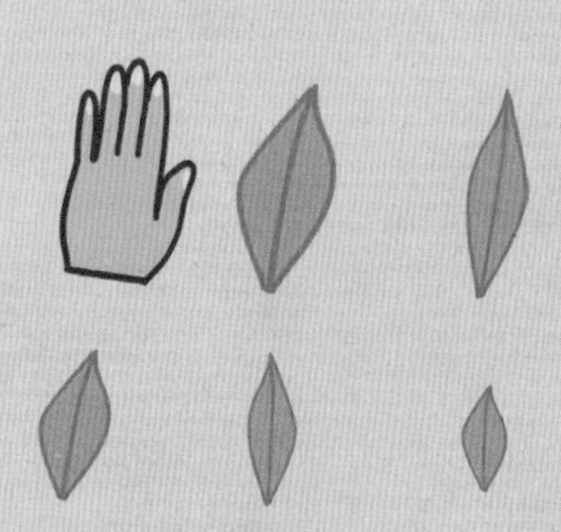

以叶片大小区分茶叶品种

风味影响因素二：生长环境

茶树是一种农作物，茶园所处的自然环境对茶叶品质影响很大，所有的光照、温度、水分、土壤、其他动植物等一整套生态系统，形成了我们嗅觉、味觉感受到的“地域风味”。

比如，黄山毛峰茶特有的兰香韵味、武夷山正岩大红袍的岩骨花香、景迈山普洱茶的柔顺花香等，都是产地给茶叶风味打上的烙印。

此外，茶农管理方式也很重要。人们通常认为茶应该越原生态越好，其实必要的人工管理（如修剪、除草、科学采摘等），也是人与自然和谐相处的正确方式，对茶的品质有极大帮助。

大红袍的烘焙

风味影响因素三：制作工艺

制作工艺是我们最容易理解的影响茶叶品质的关键因素，它全程由人来主导，代表着人们对美好风味的追求。由工艺影响产生的风味，我们称之为“工艺风味”。

比如喝一款大红袍，我们觉得烘焙程度很高，花香伴随着焦香，浓郁饱满，又或者喝云南的熟普，感觉温和醇厚，发酵均匀无杂味，这就是工艺所带来的感官体验。

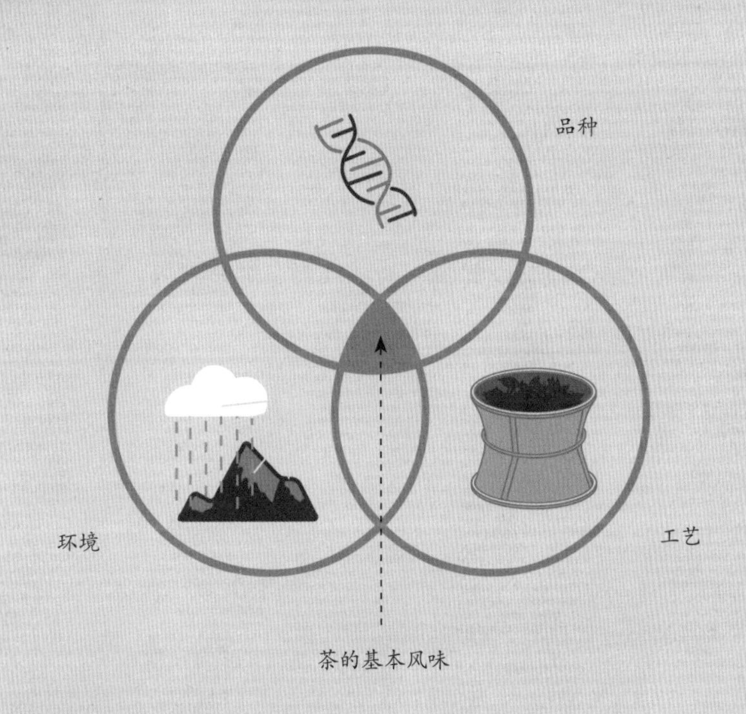

茶的基本风味

品种风味、地域风味、工艺风味，构成了我们对一款茶品鉴的三个维度。如果你喝到一款茶，想知道它的风味特征或者优缺点背后的来源，那么从这三方面找原因，基本都可以找到答案。

当然，一杯好喝的茶除了以上这些影响茶叶品质的因素外，冲泡的器具、水质，以及冲泡过程中的水温、水量和茶叶浸泡的时间对茶汤的影响也极大。关于冲泡我们将在下一章详细介绍。

各大茶类的风味特点

把风味和茶类对应上，可以帮助我们准确选择自己喜欢的那款茶，同时方便大家聊起茶时，能有一个比较好的坐标系。

绿茶

不发酵或者发酵度极低，干茶、茶汤、叶底都为黄绿色系，风格清香清爽。常见风味如下：

茶汤颜色范围

白茶

轻度发酵，多有银白色茶毫，新茶风格清淡，入口甘甜，经过多年存放陈化后会有发酵度增加的“熟化”风味。常见风味如下：

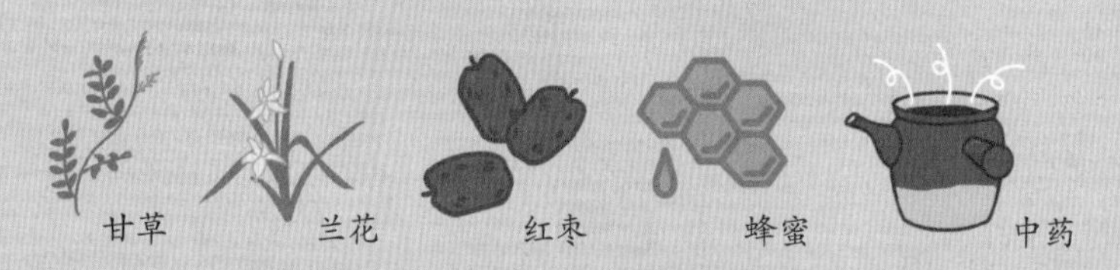

茶汤颜色范围

黄茶

闷黄工艺形成黄色系的干茶、茶汤、叶底，风格清甜醇和，似介于绿茶与红茶之间的感受。常见风味如下：

杏仁

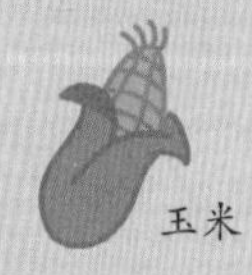

玉米

苹果

茶汤颜色范围

乌龙茶

部分发酵或者半发酵，其浓郁的香气在各茶类中独树一帜，烘焙对其风味影响很大，风格有清爽也有醇厚。常见风味如下：

茶汤颜色范围

红茶

全发酵，干茶红褐色，原料嫩的带金色毫毛，茶汤、叶底为橙黄色或红色系，风格温和醇厚。常见风味如下：

茶汤颜色范围

黑茶

长时间堆积发酵，干茶、茶汤、叶底因发酵度深浅不同，黄绿色、橙黄色、红褐色、黑褐色系都有，茶叶粗老，风格厚重。常见风味如下：

茶汤颜色范围

有“最好的茶”吗？

很多时候我们会认为，茶越嫩越好、茶年份越老越好、越贵越好……事实上这些都比较片面，并非决定因素。各个茶类之间，或者对某类茶来说，并没有“最好的茶”这种说法，品质上各有千秋而已。加上品茶的人感官偏好不尽相同，有人喜欢鲜爽，有人喜欢厚重，而能喝到自己喜欢的茶算是适口为珍了。

茶的陈化

“陈化”对很多追求新鲜的茶来说，是灭顶之灾，但有一些茶如普洱茶、白茶等，在适宜条件下存放多年，饮用的愉悦程度会逐年提升，这是一种特殊的科学与文化现象。

放得越久，茶叶越好？

茶叶是否越放越好喝，首先取决于存放得越久，是否对茶的风味提升有帮助。对于很多追求新鲜、鲜爽的茶叶来说，及时喝掉是更好的选择，如果放个三五年，这些优点都会大大减弱，这是茶的内含物决定的。

经过长期的试验和市场的检验，目前普洱茶、白茶、黑茶都更适合存放，它们的内含物经过存放、转化后，会更加好喝，其中的原理主要是：❶接触空气，发生氧化反应；❷茶内部的菌类分解、重组茶叶内含物。这两个方面都会产生新的、积极的风味，至于放多久、陈化到什么程度最好喝，并没有一定之规。

茶叶存放的变化是以茶叶内含物为基础的，茶叶本身内含物丰富，存放后才可能转化出丰富浓郁的香气、滋味及口感，如果茶叶本身内质单薄，即使存放再久，也无法改变茶叶“体质单薄”的现实。

科学存放，会让茶有哪些好的变化？

· 茶汤变得更深、更明亮

· 香气变得更柔和、更丰富

· 刺激性降低

· 甜度、生津回甘更明显

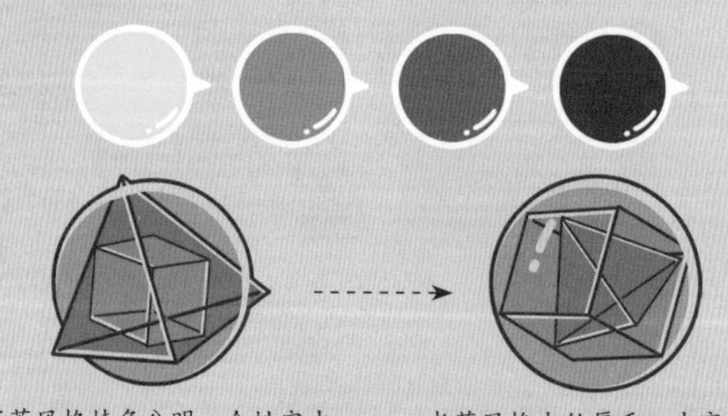

新茶风格棱角分明、个性突出　　老茶风格内敛厚重、丰富饱满

仓储环境很重要

全国各地都有茶友和专业厂家在收藏茶，如业内常说的昆明仓、广州仓、上海仓等，都会因当地的气候加上人为的控制，给茶不一样的陈化速度和方向。

不论在什么地方存茶，都需要适宜的温度、湿度，以及避光、无污染、无异味等条件，这些是好茶经过存放变成更好的茶的必要条件。茶的含水量通常需控制在 10% 以内，防止杂菌滋生，受潮霉变。

昆明仓

广州仓

上海仓

放得越久，茶叶越贵？

一些存放得好或者有存放潜力的茶，加入了时间的因素，变得相对稀缺，好喝且不可替代。市场上有“藏新茶，喝老茶”的说法，在这样的供求关系下，确实存在“升值”“收藏”“投资”的热度。

好茶贵一些无可厚非，但盲目购茶、只“炒”不喝，便丧失了存茶、品茶的真正乐趣。如果仅仅把茶当成投资标的物，便进入到商业的范畴了，要想获利，也需要有专业的商业眼光及手法。建议大家不要将品饮价值与投资价值简单地混为一谈。

理性看待茶叶的品饮价值与投资价值

保存和包装对茶品质的影响

茶叶在冲泡前是一种干燥的食品，相对其他食品来说保存较容易，但包装和保存方式依然不能含糊，合适的包装加上恰当的保存，能让一款茶的品质长久不变，甚至越来越好。

保存茶叶，最怕的是什么？

受潮

茶叶含水量超过 13% 就有霉变的风险，如遇到潮湿天气，更要关注环境的湿度和保存的密封性。

氧气

氧气分子和茶内的物质结合，会让茶叶发生氧化，改变甚至降低品质，密封的包装则可以解决这个问题。

高温

温度越高，茶叶越容易氧化变色，使香气物质加速挥发。储存在室内阴凉处即可，远离散发热量的电器、光源等。

串味

茶叶吸味能力很强，密封好的同时要远离散发气味的物品。

光照

茶叶在光线照射一段时间后，会发生一定程度的氧化，且香气明显散失。因此，家中存茶不适合使用透明的容器。

什么样的包装适合装茶叶？

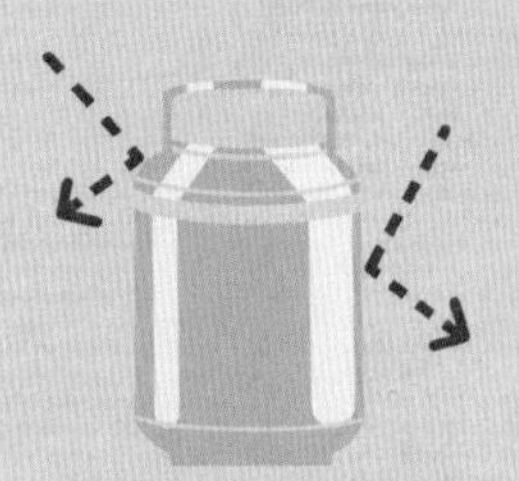

用锡罐及瓷罐存茶

过去民间用锡罐或瓷罐封蜡存茶，让干燥的茶叶隔绝外界环境，以长久保存。

用铁罐及铝箔袋存茶

现在，茶的生产者们常用密封罐、铝箔袋等密封、避光、无毒无味的包装，用来阻隔湿气、灰尘等影响茶叶品质的物质。

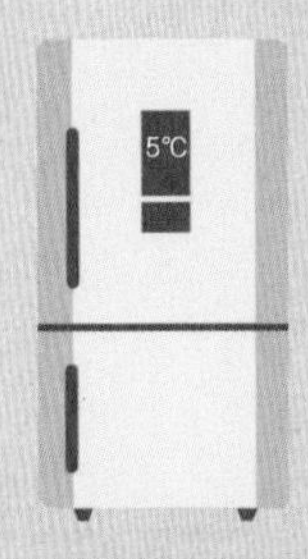

用冰箱存茶

绿茶、清香型乌龙茶等容易氧化的茶，除了密封包装外，还需低温冷藏（5℃左右），以减缓氧化速度。

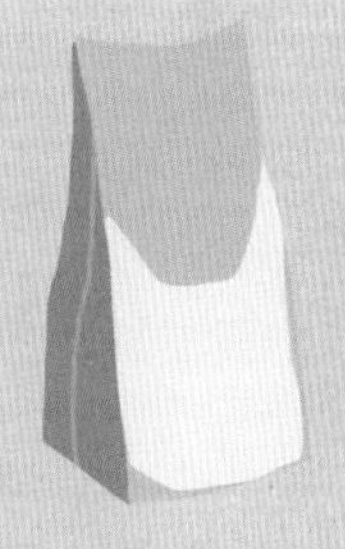

用纸袋存茶

如果是纸质、木质等容易透气的包装，里面必须配备密封的袋子，以免串味。

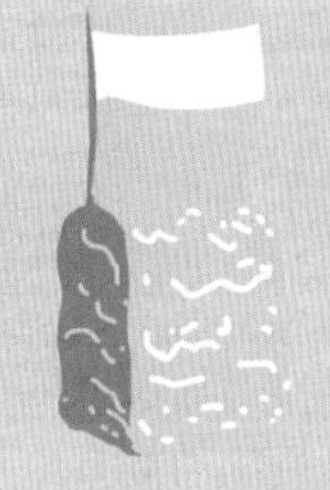

用真空包装存茶

铁观音、台湾乌龙等颗粒形的茶，出厂时一般会用真空包装，减少氧气影响。

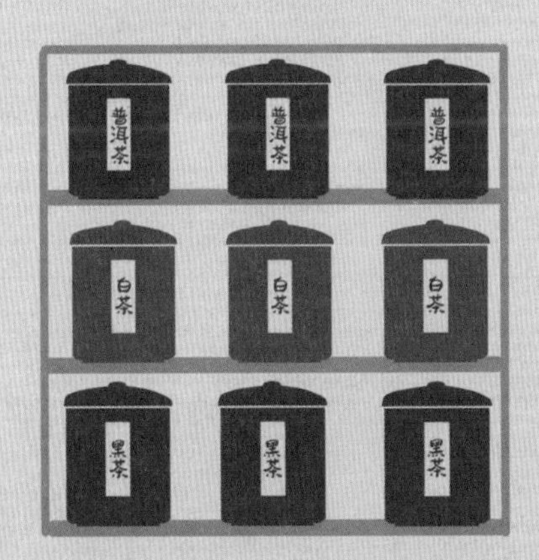

用紫砂罐存茶

需要陈化的茶比较特殊

上一节说到的普洱茶、白茶、黑茶等，允许包装有透气性，以便茶叶发生一定程度的氧化，促进风味转变，但存放的环境要求更高，需严防受潮、光线直射等。

第三章

泡茶有方法

泡茶不是一门玄学，

它需要水、器具、茶、人之间的配合，

多泡多感受，就能找到适合自己的风味区间。

无论是专业人士，还是茶爱好者，

一杯好喝的、适合自己喝的茶，

是大家共同的追求。

茶叶冲泡的基本原理

把茶泡出来很容易，把茶泡得好喝，则需要很多的学习和练习。就像煮饭，需要控制好米与水的比例，泡茶也一样，也需要控制好几个关键点。

泡茶，就是一种萃取

我们将茶中对品饮、健康有益的物质溶解到水里，即萃取出来，成为茶汤，芳香物质也在热水的热量激发下挥发到茶汤和空气里，剩下的茶渣弃之不用。这些物质溶解时的分量、速度，便是茶叶冲泡的关键。

影响萃取物质的分量、速度的因素有很多，看右页的图，可以理清它们的关系。

泡茶者的技术，就在于了解一款茶的特性，在冲泡过程中把握物质的析出速度和比例，尽可能多地展现出茶的优点和特征，得到一杯大部分人都觉得好喝的茶汤。

影响茶叶冲泡的因素

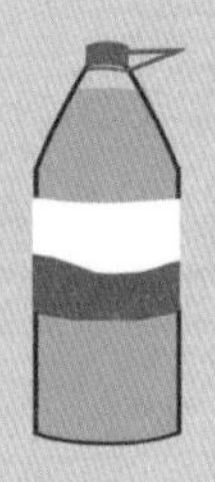

水质

软硬度、酸碱度、有无异味等

冲泡方式

大杯浸泡、工夫泡、煮茶、冷泡等

冲泡器具

材质、器型、出水速度等

茶叶状态

形状、整碎、发酵度等

这些是泡茶的前提

茶水比例

茶与茶具容积之间的比例

水温

冲泡时水的温度

浸泡时间

茶叶浸泡在水中的时长

水流冲击

注水的缓急

这些是可以在泡茶时控制的技巧

水的影响

古人说，八分的茶遇到十分的水，那么泡出的茶也变成十分了。合适的水对茶的品质影响很大，甚至可以给茶加上“美颜滤镜”，不妨多使用几种水尝试一下。

古人的择水观

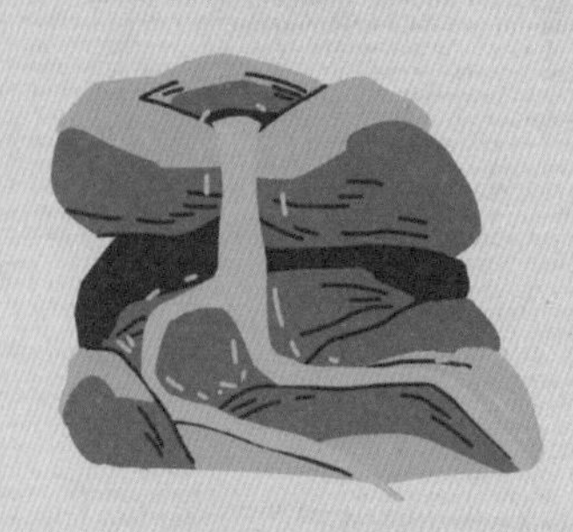

早在千年以前，人们就发现不同的水泡出的茶差异巨大。陆羽在《茶经》中说：“其水，用山水上，江水中，井水下。”宋徽宗在《大观茶论》中表示：“水以清、轻、甘、洌为美。”

古人通过经验总结出：清澈无色无味无沉淀物的水、含一定气体的活水、比重比较轻（矿物质含量少）的水、入口有甘甜味的水，更能体现茶的色香味。

科学分析茶与水的关系

评价一种水是否“适合泡茶”，关键在于它能否更好地将茶中的物质溶解出来，带来好喝的口感。现代有很多科学办法可以给水做全面检测，得出了有用的结论。

纯净度

除了清澈、无色、无异味，很多看不见的物质也不能有，比如细菌、消毒剂等。

软硬度

硬水中钙镁离子含量高，会让茶味较难溶出，造成风味缺陷。

酸碱度

目前大量研究结果显示 pH 在 7~8，即中性至弱碱性的水泡茶更好。

含氧、二氧化碳量

微量氧气、二氧化碳溶解在水中，会使水更“活”，泡出的茶滋味更鲜爽。

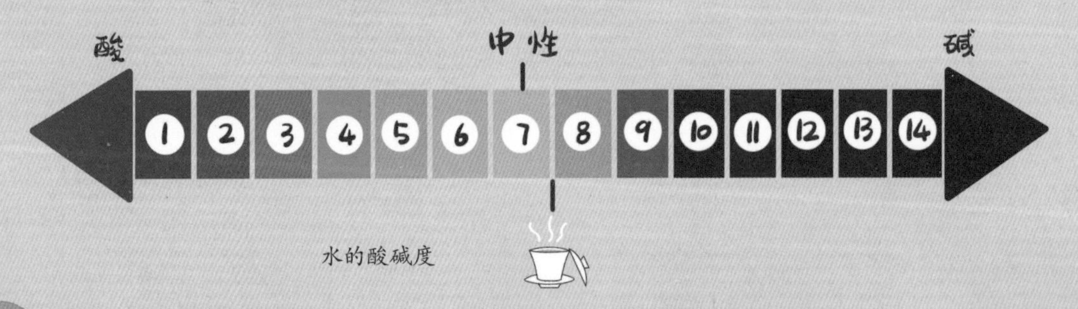

水的酸碱度

3种生活常见水

实际生活中，我们最常见的水主要有以下3种。对于这几种水，我们该怎么使用呢？

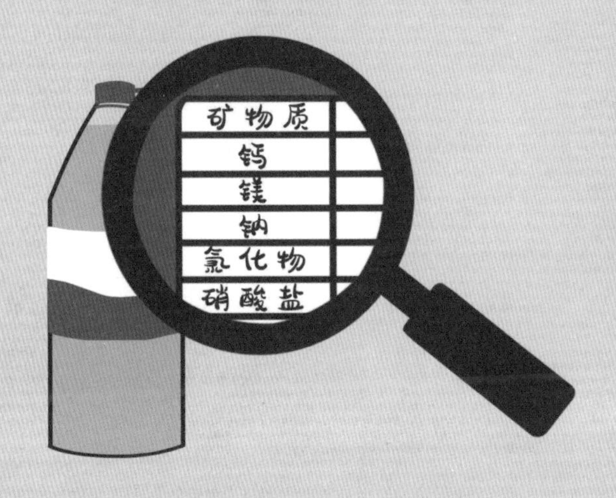

桶装矿泉水 / 纯净水 / 蒸馏水

商品包装的水经过生产线的净化，纯净度不用担心，各大品牌因为水源、生产流程的不同，软硬度和酸碱度差别很大，尤其是标示“矿泉水”的产品，无法下确定的结论，需要购买回来尝试，合适的矿泉水会放大茶的优点，弱化缺点。

有“纯净水”标识的一般矿物质含量较少，“蒸馏水”则接近完全的纯水，它们的酸碱度也接近中性，能泡出茶的本味，可以满足基本的泡茶需求。

净水器过滤水

现代家庭越来越多选择购买净水壶或者净水器，通过更换滤芯维持净化功能。基本的净水壶可以初步去除异味、细菌，而净水器则选择较多，目前有反渗透功能的净化最为彻底，能将水净化成只含有微量矿物离子的纯水，可以直接饮用，也能把茶泡好。

净水壶净水

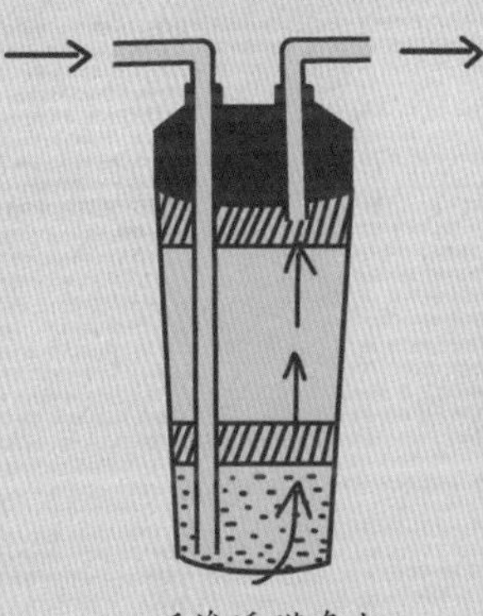

反渗透膜净水

自来水

自来水是最不推荐泡茶的用水，烧开之后虽然能去除细菌，并且沉淀一些钙镁离子，水质得到软化，但自来水中消毒剂带来的氯味对茶的品质影响很大，具体视各地情况而程度不同。

自来水

冲泡方式与器具的影响

人们基于不同茶类对不同冲泡方式的需求，制作出不同类型的器具用于不同茶类的冲泡，加之历史文化习惯等因素的影响，催生出数种茶叶冲泡的方式，大体上可以分为4类。

扫码看视频

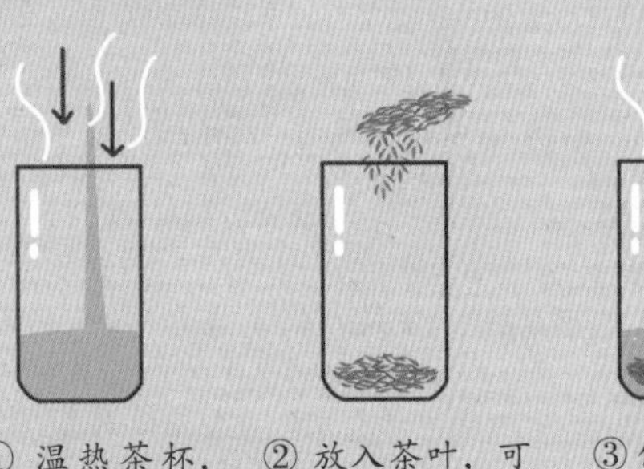

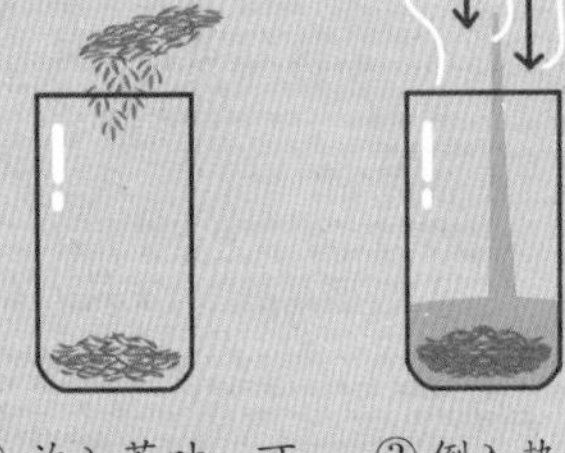

① 温热茶杯，将水倒掉。

② 放入茶叶，可以闻一闻干茶香。

③ 倒入热水。

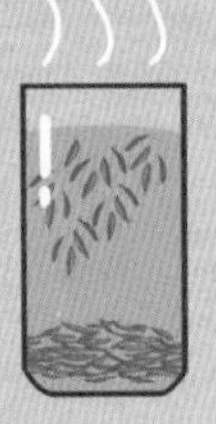

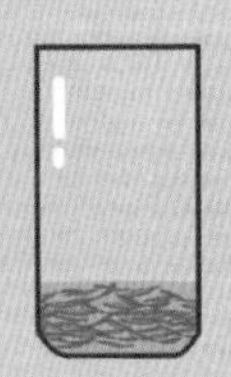

④ 等候5分钟即可饮用。

⑤ 续杯前，可剩余少量茶水，确保下一泡的浓度。

大杯浸泡

适合各种茶类

大杯浸泡是一次性浸泡出茶大部分味道的方法，也是最简单的一种泡茶方法，一般在杯中加茶加水，5~10分钟就可以把茶中有益物质充分溶解出来。在绿茶产区，人们广泛使用玻璃杯浸泡饮用，适合观赏茶叶。

带过滤的茶水分离泡

为了减少杯中茶叶对饮用体验的影响，可以选择自带过滤功能的杯子，将茶和水分离，茶不会进到口中，还能灵活地控制茶汤浓度。

建议减少闷泡，并尽快饮用，这些都是避免茶汤氧化变色、减少苦涩感的小窍门。

工夫泡

适合各种茶类

相比大杯浸泡和冷泡，工夫茶泡法需要的茶量更大，是一种分多次浸泡、小杯品饮的泡茶方法，每一泡的时间可以自己灵活控制。需要的茶具数量、种类都相对较多，就像它的名字一样比较“费工夫”，对空间、时间，甚至喝茶的心境都有一定要求。

白瓷材质的茶具，质地细密，不吸附茶味，几乎适合所有茶叶的冲泡。

紫砂材质的茶具，尤其以紫砂壶为主流，有特殊的双气孔结构，保温效果好，容易吸附茶香，适合风格醇厚或原料粗老的茶，如老白茶、普洱茶、武夷岩茶、凤凰单丛茶等。

① 温热茶具、茶杯，将水倒掉。

② 放入茶叶，可以闻一闻干茶香。

③ 倒入热水。

④ 快速润一遍茶，倒掉润茶水。

⑤ 再次倒入热水。

⑥ 适时出汤。

⑦ 分入小杯，品饮。

*也可以用小壶代替盖碗完成

冷泡

适合各种茶类，轻发酵茶对肠胃刺激大

冷泡是源自中国台湾的一种夏日饮茶方式，低温长时间浸泡，减少了苦涩味物质溶解，喝起来冰爽清凉，水中含香。一般需要浸泡 5~8 个小时，才能达到好喝的浓度。

① 准备冷泡瓶。

② 将茶叶直接放入，或用滤泡袋装茶。

③ 加入常温的凉水。

④ 放入冰箱，以 5℃冷藏。

⑤ 5~8 个小时后即可饮用。

绿茶、当年产的生普或白茶等发酵度较低的茶，冷泡饮用对肠胃刺激较大，须谨慎。

煮茶

适合原料粗老的茶，或是有一定年份的老茶

煮茶就是将茶与水长时间、较剧烈地接触，充分释放其内含物。煮茶时，茶中很多有益成分在高温焖煮下会分解流失，推荐的方法是先泡饮，泡到没有味道之后，再进行煮饮，这样可以将纤维中不易被泡出来的物质析出，茶汤会变得甜稠，同时可以释放一些高沸点的香气，增加品饮价值。

煮茶更适合原料粗老的茶，或是有一定年份的老茶，细嫩的茶被高温煮沸后，原本的鲜甜味会消失，口感变得苦涩，优点变成了缺点，因此不适合煮饮。

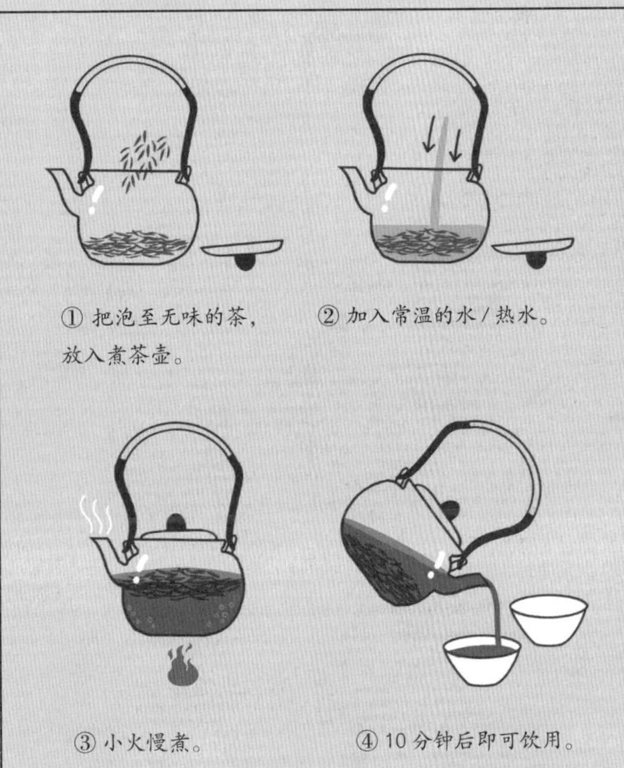

未冲泡直接煮，则需要减少茶叶量，这样更容易获得一壶好喝的茶。还可以加入一些陈皮等自己喜欢的代用茶，让滋味更加丰富。

茶叶状态的影响

水平很高的泡茶人，看一眼茶叶就知道怎么泡了，这来自他们对茶叶基本类型、形状等因素的判断，以及对冲泡要素和逻辑的理解与经验。

这是什么茶

识别一款茶在六大茶类中的归属，难度不大，但熟知每一类背后的工序从而知晓如何冲泡，则需要一定的知识或经验储备。

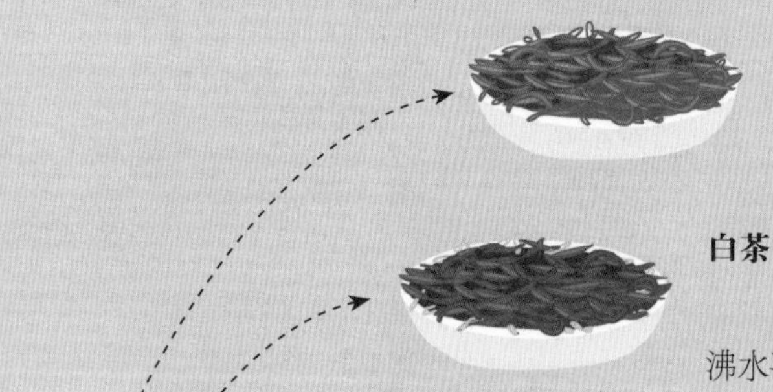

绿茶

不发酵，叶绿素等物质在高温下易分解变色，不用沸水冲泡会更鲜甜好喝，大杯浸泡更方便。

白茶

部分发酵，制作时没有揉捻过，细胞相对完整，可用沸水冲泡，粗老的贡眉、寿眉可以煮饮。

黄茶

部分发酵，可参考绿茶泡法，原料粗老的黄茶也可用沸水冲泡。

乌龙茶

部分发酵，工艺复杂，香气多变，适合用小壶、盖碗等工夫茶泡法，沸水可更好地激发茶香，但一般不宜久浸。

红茶

全发酵，制作时揉捻较重，细胞破损率高，水沸后可以等温度稍降一点，防止前段浸出速度过快，不要长时间闷泡。

黑茶

深度发酵，因原料大多成熟度高，枝叶粗老，可直接用沸水冲泡，不怕久浸，也可煮饮。

茶叶的嫩度

嫩的茶水温略低，小水冲泡

老的茶水温略高，大水冲泡

茶叶越嫩质地越柔软，更容易出味；茶叶越老则质地越硬，出味慢。这个规律就像某些食材需要高温炖煮，其口感才软糯。

同等茶叶用量的情况下，一般嫩度高的茶，水温要求低，不要长久闷泡，这样口感会更好；原料粗大、老一点的茶，水温可以略高，闷泡一会儿。

外形的松紧程度

茶叶外形的松紧程度关系到茶叶与水的接触面积，茶越紧、外形越完整的，接触面积越小，吸水释放滋味的速度越慢。

茶是细紧还是松散，这一点很容易观察。如果外形很紧致，那么就需要更高的水温和更久的浸泡，才容易泡开出味。如果是紧压过的饼茶、砖茶、沱茶，那么第一泡可以浸泡久一些，20~30秒，让茶先充分浸润。

用同样的水温冲泡，松散的茶更容易出味

泡茶可控的变量

泡茶很多时候就像做菜，有了食材和炊具，下面就是用多少量、火候大小、制作方法、持续时间等实际操作了。

放多少茶叶

放多少茶叶直接体现了茶的浓度，可以根据个人口味、容器大小、喝茶人数等来决定。如果拿不准，可以按如下常规标准：

大杯泡

一般大杯泡是 1:60~1:70 的比例，即 300mL 的茶杯，放 5g 左右（两撮）茶叶。

盖碗泡

工夫茶一般是 1:20~1:30 的比例，常规的盖碗和小茶壶容量是 100~150mL，即放 5~8g 茶叶。

水温怎么把握

茶中各物质的溶解速率不同，控制水温的高低往往可以使茶汤表现出不同的风味。一般情况下，水温越低，苦涩度越低。但若低于一定温度，茶很难泡开，滋味淡薄，香气也激发不出来。

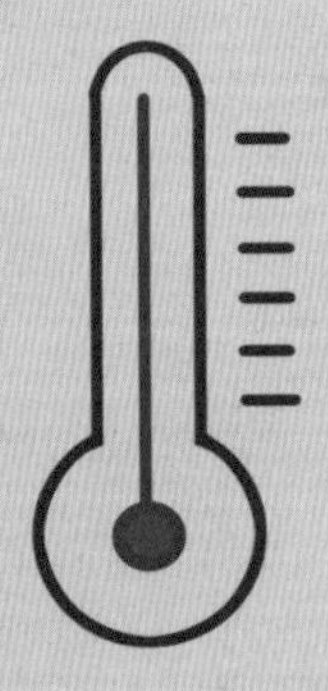

泡茶时的水温并不好掌握，就算用温控壶煮水，水流接触到茶叶之后还会散失一些热量，会让误差变得非常大，各地气压对沸点也有不同的影响等。日常泡茶不必追求水温过于精确，这里将水温分成高温（100℃）和低温（烧开后放凉 1~3 分钟，85~90℃），来总结泡茶时水温的基本规律：

（1）茶叶偏嫩，水温要低，突出鲜甜感；茶叶偏老，水温要高，更容易泡开。

（2）茶叶外形松散、细碎，水温要低，防止苦涩；茶叶外形紧实，水温要高，让茶叶舒展开。

浸泡多久

如果是大杯浸泡，等水温降到适饮（5~10 分钟）时就可以了。

如果是工夫茶泡法，总体规律是：前一两泡时间长一些，让茶泡开，尤其是饼茶、砖茶等紧压茶；之后四五泡风味会稳定释放，匀速冲泡即可；等浓度明显下降时，可以增加浸泡时间，让茶汤不会太淡，直到泡不出满意的浓度。

具体每一泡的时间，可以根据自己的喜好决定，泡两三次就容易掌握，如果每一泡都要读秒的话，恐怕就失去了喝茶的乐趣。

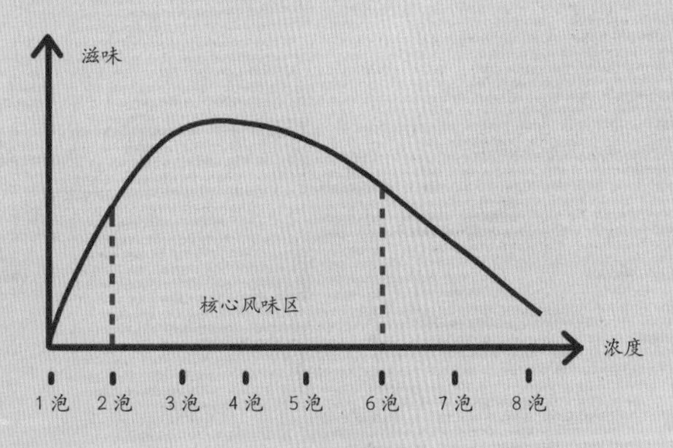

茶叶冲泡次数与茶汤浓度的关系

水流大小也有影响

倒水时水流的扰动，就像是在撞击茶叶，让茶的释放速度产生变化。

对于风味释放缓慢的茶，可以大水流，甚至直冲茶叶，比如粗老的白茶、紧压的普洱茶、黑茶等。

正常情况下，可以将水缓缓注入，让茶自己吸收水分，风味会更甜润。

如果有些茶香气很浓郁，需要水流把香味冲上来，也可以使用将茶叶翻滚起来的手法，以体验高扬的茶香。

专业评茶时如何冲泡

日常饮茶是一种"享受者"的心态，而以茶为工作的人评鉴茶，则是一种"体检医生"的心态，要寻找出一款茶的优缺点，泡茶的方式也就完全不同。

扫码看视频

专业审评的器具

评茶师们工作时使用的器具，以精准实用为先，能够展示并冲泡出一款茶的真实品质，将形、色、香、味清晰地呈现。以下这一套茶的专业审评用具，是行业内常见、通行的组合。

干茶审评盘

干茶盛放在一个23cm×23cm的浅色盘子上，方便观察茶的形状、色泽等。

审评杯组

审评杯组都由白瓷制成，不吸茶味，方便观察。

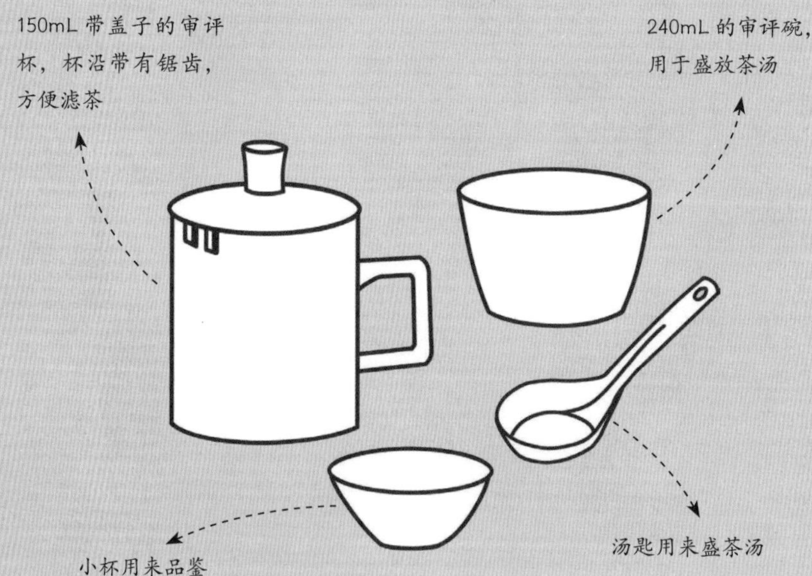

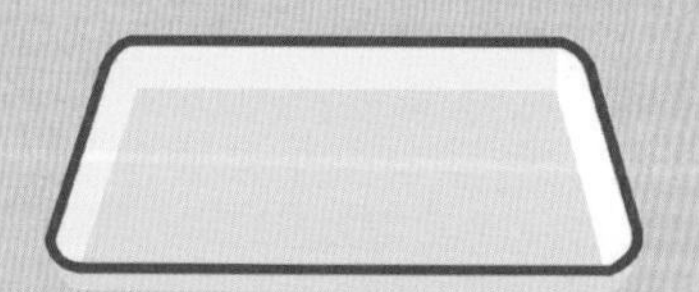

叶底盘

叶底盘通常是一个白色的长方形盘，将泡完的茶渣（叶底）倒在上面铺开，再倒一些清水，以此来评判茶的老嫩和制作工艺细节。

审评冲泡流程

① 用电子秤称取3g茶。

② 配合150mL的审评杯，即1:50的茶水比例。

③ 100° C 水温，加盖闷泡5分钟。

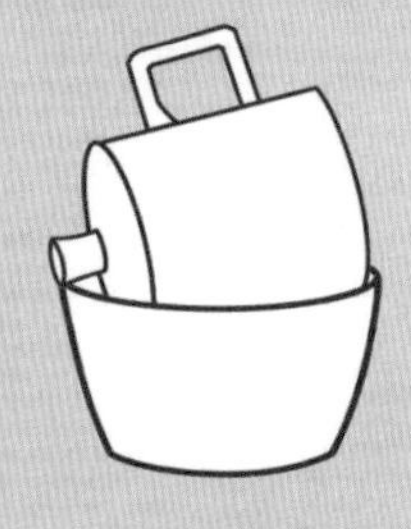

④ 出汤。

⑤ 准备品鉴。

这样的泡法基本涵盖所有茶类，部分茶会根据自身情况适当做参数调整，但都以此为基础，乌龙茶类多用盖碗代替审评杯。

1:50，高水温，闷泡，这种方法基本上是将茶的浓度设定在比日常更高的水平，而且几乎没有冲泡技巧可言，在风味上毫不美化茶，甚至还在刻意放大茶的缺点。这就是专业评茶师们希望得到的效果，即能够公正一致地喝出一款茶的优缺点。

专业评鉴

这样泡出来的茶汤，非专业茶友会觉得太苦涩，有点难喝，但对专业评茶师来说，这里面涵盖了许多信息。第二章的基本内容，都在评茶师的评测范围中，包括外形、汤色、香气、滋味、叶底等五大维度，各种色香味形的信息通过感受器官传递到大脑，经过一条条比对，打分，形成一款茶的等级、品质结果，最终还会影响售价，这就是评茶师的能力和价值所在。

200ML
100ML

第四章

茶与咖啡

茶与咖啡并无高下之分，
反有相似之处，
选择茶还是咖啡，
取决于喜好、审美和生活方式。
只有保持开放的心态，
我们才能体验到更多不同的风味，
感受到别样的美好。

茶与咖啡的相似之处

作为西方代表饮料的咖啡，常与茶之间在健康、冲泡、品鉴、文化等方面被人们进行比较，茶与咖啡都是享誉世界的健康饮料，看上去在竞争，实际上是在互相学习、共同造福于人类。

茶与咖啡的历史，从功能性开始

咖啡起源于非洲埃塞俄比亚，当地流传着咖啡起源的故事：公元 6 世纪，牧羊人发现羊群中常有一些食用某红色浆果后异常亢奋的羊，自己尝试之后果然也有同样效果，从此这件事便被更多的人所知，这就是咖啡豆的来源——咖啡树的果实。

茶则起源于中国的云贵高原地区。喝茶至今已有 3000 多年的历史，有一种传说是神农氏在野外煮水，附近树上的叶子落入水中，人们饮用后感觉神清气爽，便发现了茶树和茶叶，和咖啡的起源十分相似。

宗教传播

茶的传播与佛教在中国的盛行密不可分，早在南北朝时期，茶便被僧侣用作坐禅时提神驱困的饮品。历史上很多名茶的诞生，如西湖龙井、武夷岩茶等，都与寺庙广泛种植茶树、制作茶且声名远播有关。

咖啡则在阿拉伯人的传承中遇到了伊斯兰教，咖啡显著的提神作用是伊斯兰教徒在仪式中保持清醒、获得力量的最佳饮品。

都是健康的生活习惯

如今，全世界都在喝茶与咖啡，“提神醒脑”是它们最明显的效果，也是最早被发现和利用的原因，人们也经常讨论“茶和咖啡谁更提神”，因为它们都含有起兴奋作用的咖啡因（最早在咖啡中被发现而得名）。

按比重来算，咖啡豆的咖啡因含量在 1% 左右，茶的在 2%~4%，但一杯咖啡通常要用到 10 余克咖啡豆，且咖啡一般是以粉的方式萃取，咖啡碱的溶出更加彻底，所以咖啡的提神效果更明显，这与大多数人的实际体感一致。

咖啡因分子

意式浓缩咖啡

30~50mL

咖啡因：50~100mg

滤泡咖啡

200~300mL

咖啡因：80~120mg

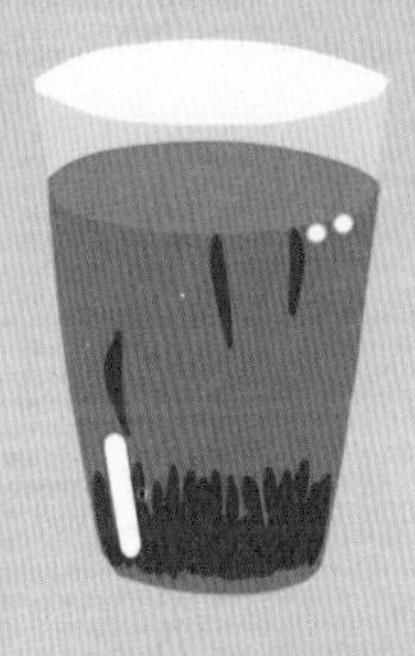

红茶

200~300mL

咖啡因：60~80mg

茶中含有茶多酚、茶氨酸、茶多糖等有益成分，而咖啡具有绿原酸等特色物质，都能在抗氧化、杀菌消炎、调节血糖等人体保健方面发挥作用。

长期饮用茶与咖啡都是健康的生活习惯，不过由此带来的生活方式却大有不同。饮茶的人群多讲究安静松弛、超然物外的心境，这和饮茶能在兴奋之余松弛神经、降低血压有关。而钟爱咖啡的人多喜欢热情奔放、积极进取的风格，这和咖啡更强的提神效果相符合。但不论是茶还是咖啡，舒适、享受、品位的文化诉求是一致的，可谓和而不同了。

泡茶和泡咖啡

泡茶和泡咖啡，原理非常相似，都是用水溶解出我们需要的物质，但使用的工具、冲泡的方式却差异巨大。

扫码看视频

从煮饮到泡饮

如果对茶和咖啡的历史加以了解，会发现两者都经历了从煮饮到泡饮的转变。

茶文化在唐代达到一个高峰，煎煮是当时主流的泡茶方式，其中还会加入盐、橘皮等辅料，直到明代朱元璋推行散茶泡饮，“泡茶”才真正得以普及。

咖啡从煮饮开始

咖啡的历史虽不及茶悠久，却也是从煮饮开始。人们将咖啡果晒干，取出种子磨碎熬煮，饮用前也会加入肉桂、豆蔻等香料以增加风味，与唐代的煮茶法简直是跨时代的呼应。

进入19世纪后，意式咖啡机的加压萃取、使用滤纸的冲泡萃取等方式逐渐走上历史舞台。

意式咖啡机

手冲咖啡

理性的咖啡冲泡

咖啡的冲泡目前主要有滤泡（滤纸手冲、虹吸壶、法压壶等）法和意式浓缩（咖啡机加压蒸汽萃取）法。咖啡的冲煮对水质、器具、水温、粉水比等有很高要求，尤其是现磨咖啡，冲泡过程特别具有科学的理性色彩（从精品咖啡体系建议的90.6~96.1℃水温中，可见一斑），这一点茶也可以借鉴。

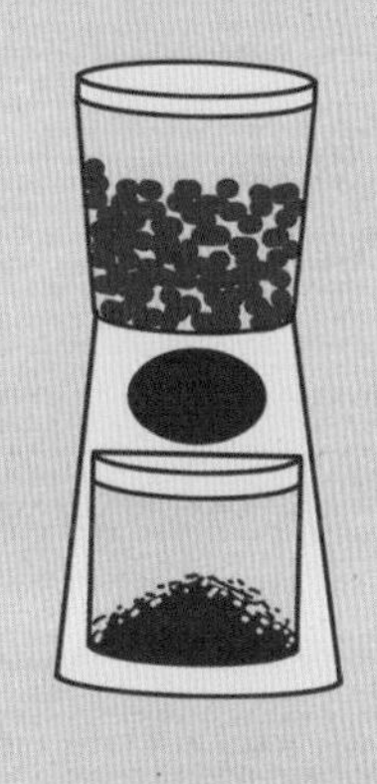

电动磨豆机

将咖啡豆磨碎。可以调节颗粒粗细

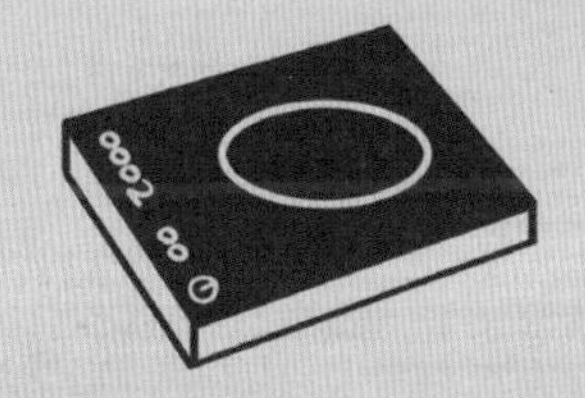

电子秤

手冲咖啡时使用。冲泡时准确称取水的用量，通常都有计时功能

滤杯

搭配滤纸使用。在其中萃取咖啡液体。里面的沟槽会让萃取更顺畅

手冲壶

用于注水。通常都是细细的壶嘴，让水流轻柔、便于控制

理性与感性结合的茶叶冲泡

相比之下，茶的冲泡则没有咖啡那么严谨，在理性之中会有很多感性的部分。除了专业的茶叶审评泡法之外，日常饮茶的共识是跟着感觉、习惯走，讲求“适口为珍”，很少提到“最佳浓度”。这和茶深厚的文化内涵，以及工业化程度不高有关，更多人喝茶还是为了修身养性，即使是专业的茶艺师泡茶，也很少用仪器测定温度和时间，往往采用“看茶泡茶”的灵活方式，恐怕这也是茶的魅力所在，可以给人留下想象空间。过于追求理性，喝茶也会少了很多乐趣，这是茶与咖啡很大的不同。

品茶和品咖啡

不论是品茶还是品咖啡，好喝、舒服、心情愉悦都是第一位的，而对品味的侧重点不同，使之形成了两套让人着迷的审美体系。

茶的甜、苦、咸、酸、鲜

人们常说的五味是指甜、苦、咸、酸、鲜，品茶时愉悦的味道是甜和鲜；苦味则越少越好，或者强度适中，在口中能快速转化为回甘。酸味在茶中多是不好的味道，但部分茶类有微微愉悦的酸而非腐败的酸，也是允许的。咸味则很少能喝到，少数茶中矿物质含量高，会有极少咸味，但基本不被提及。

咖啡的甜、苦、咸、酸

咖啡则重点关注甜、苦、咸、酸这四味，对鲜味不强调。咖啡最初在中国流行时，很多老茶客们第一次喝到黑咖啡，多被那又浓又苦的味道“劝退”，而现在随着精品咖啡和咖啡馆的流行，让品味咖啡变得越来越普及，从年轻人开始，慢慢地可以喝出咖啡中明亮的酸感、蔗糖般的甜味、苦中带有顺滑感等丰富的味道。

相似性

除了基本的五味，茶汤或咖啡本身的浓度、醇厚度，还有涩度、滑度、黏附度等感觉，以及饮用后带来的兴奋、放松、余韵等体验，都极具相似性。

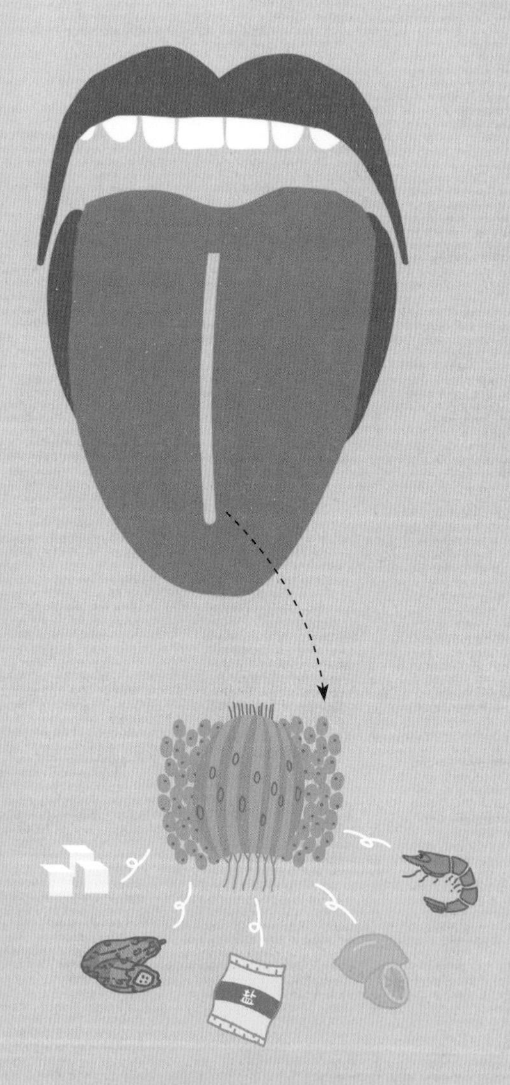

味蕾对不同味道的感知

形色香味差异大

从品味的过程来看，茶会有更多的要求。对于一些细嫩的茶来说，整齐美观的外形会给品茶者带来更好的体验，咖啡豆磨成粉之后，则没有太多欣赏外形的必要。茶和咖啡豆的颜色倒是有异曲同工之处，干茶能看出发酵度或烘焙度，咖啡的烘焙度同样可以通过豆子的颜色来直观观察。

咖啡豆的研磨

咖啡分享壶

品茶对茶汤的颜色尤其注重，一杯清澈明亮、颜色鲜艳的茶汤给茶加分不少；而对于咖啡，即使在专业评测中，也不太关注液体颜色。

人们对咖啡在香和味上的研究在某些程度上比对茶更加细致，对于风味类型、描述用语，咖啡显得更加具体，比如苹果、蜜桃、巧克力，甚至葱蒜、樟脑、胡椒，还有甜度、酸度的定义等。茶的专业审评用语多见浓郁、尚醇、优雅纯正等不太具体的描述，本书在第三章尝试提出一些实用、形象的沟通语言。

咖啡风味更加具体

当然，茶与咖啡并不需要完全朝着对方的方向努力，它们彼此都有着无法替代的风格与文化。静与雅是饮茶文化特有的内涵，在内心深处的滋养上，其他饮品还没有茶如此的高度。

茶艺师和咖啡师

茶艺师和咖啡师是连接茶／咖啡与人的专业人士，在消费者心目中，他们也是茶／咖啡的代表，你会希望成为他们中的哪一位呢？

茶艺师

外观：

以中式传统服装为主，如舒适的汉服、旗袍、唐装等。新式茶馆兴起后，也多见现代的围裙，兼顾专业与干练。

器具：

工夫茶具、茶道用具。

日常工作：

将茶泡得好喝，同时美观地呈现茶的冲泡过程，是茶艺师的关键工作。

在懂得各茶类品质、各茶具材质的特点之后，选择合适的冲泡参数进行冲泡，让茶友享受一杯好茶，是茶艺师的日常。茶艺多以原叶工夫茶冲泡方式为主。

能力出色的茶艺师对美学有更高追求，会设计出精美的茶席，懂得各式器具的搭配，使泡茶、品茶的过程变成深度体验，观赏性十足。

咖啡师

外观：

作为西方传入的文化，咖啡师的衣着是西式的围裙，材质多是帆布、牛仔布、亚麻等，常见大大的口袋和皮质配件。

器具：

咖啡机、手冲咖啡器具。

日常工作：

使用咖啡机、牛奶拉花、手冲咖啡被看作咖啡师的核心技能。

意式浓缩咖啡需要用意式咖啡机制作，再加入牛奶、奶泡、奶油等可成为拿铁、卡布奇诺等各式咖啡饮品。咖啡拉花可能是咖啡师最具观赏性的技能之一了，也是增加咖啡颜值的重要方法。

手冲咖啡需要借助滤杯、滤纸、手冲壶、分享壶、电子秤、温度计、计时器等精确控制一款咖啡的冲煮过程，这是很多咖啡爱好者的首选。

相爱相杀的两种生活方式

在通常的认知中，茶常与传统文化相关，咖啡则是小资情怀，两种生活方式在日益多元化的社会中实际是自成体系，又相互交融的。

清雅朴实的茶

走进中式茶馆，通常会有清雅、庄重、自然、朴实的感受，这是茶在数千年历史发展中带来的独特气质。“茶”字是“人在草木间”，即人在自然之中，在自然的茶里体悟生活的过程。

品茶的时候，人们可以放下很多执念与欲望，回归清静纯真，达到某种更高层次的精神境界。中国历史上的苏轼、乾隆，近代的鲁迅、老舍，都是品茶的高手，同时在茶香的沐浴中创作出不少流传后世的作品。

表达自我的咖啡

与茶在中国文化中的角色不同，咖啡不作为连接人与自然的中介，而是人品味和鉴赏的对象，拥有自由放松气氛的咖啡馆是一个提供充分表达自我、进行思想交流的场所。

欧洲文艺复兴时期，在咖啡馆里喝着咖啡讨论哲学与艺术成了当时非常流行的生活方式，不少学识丰富的人光顾咖啡馆并大谈思想与见识，所以咖啡馆也被称作“智慧学院”。卢梭、伏尔泰、海明威、贝多芬等都曾是咖啡馆的常客，他们在其中沉思、创作或演讲。

速溶咖啡

实际上即使是咖啡馆遍布全国的今天，速溶咖啡也依然占据着最大的市场份额。在一些大品牌的推动下，很多中国人喝的第一杯咖啡大都是罐装的速溶咖啡，这得益于它的方便性，以及切实的提神效果，口感对大众来说也不错。

从这一点看，咖啡的工业化水平要比茶高很多。

传承中创新的茶

对茶来说，我们更倾向于既传承历史，又在千年茶文化基础上做恰如其分的创新，这是茶在现代保持的自己的节奏。茶在很长一段时间里，都是以纯茶为主，加糖加奶加水果等新式茶饮也是近几年才在年轻群体中渐渐兴起。对于茶本身，人们总体上还是更追求天然的原叶茶香味。

茶和咖啡多被理解为中庸和谐与崇力竞争的区别，仔细想来不无道理。喝茶时讲究苦涩化为甘甜，大脑清醒之后在茶氨酸的作用下恢复平和；咖啡多有显著的提神效果，以及直接强烈的口感刺激程度，东西方文化的表达和差异在其中也鲜明地体现出来。

第五章

茶艺、茶道与民俗

在风味之外，

茶，还体现着一种艺术与美学，

一种超越茶本身的人文情怀。

出自荒野，却成为文人雅士的最爱，

清醒却不狂躁，平静又不虚弱，

与我们文化中推崇的诸多特征完美契合。

无论是茶道思想、工夫茶艺，还是茶席美学，

都是茶文化之树上结出的甜美果实。

茶席的构成

自唐代以来，喝茶成为一种有仪式感的生活方式，从饮茶环境到茶器、动作等，无一不讲究美感，而泡出好茶的这一席之处——茶席，更是泡茶功能和美学表达的有机统一。

茶席的定义

狭义地说，茶席是承载茶具、装饰、点心等，实现泡茶功能，同时在精心搭配下拥有美学享受的桌（台）面，是泡茶人创造的泡茶、品茶的一方之地。

在茶席上，我们常常看到烧水的壶和炉、壶承、泡茶器（壶/盖碗）、公道杯、品茗杯、杯垫、水盂、茶荷、茶拨、茶巾、花器、席布等。

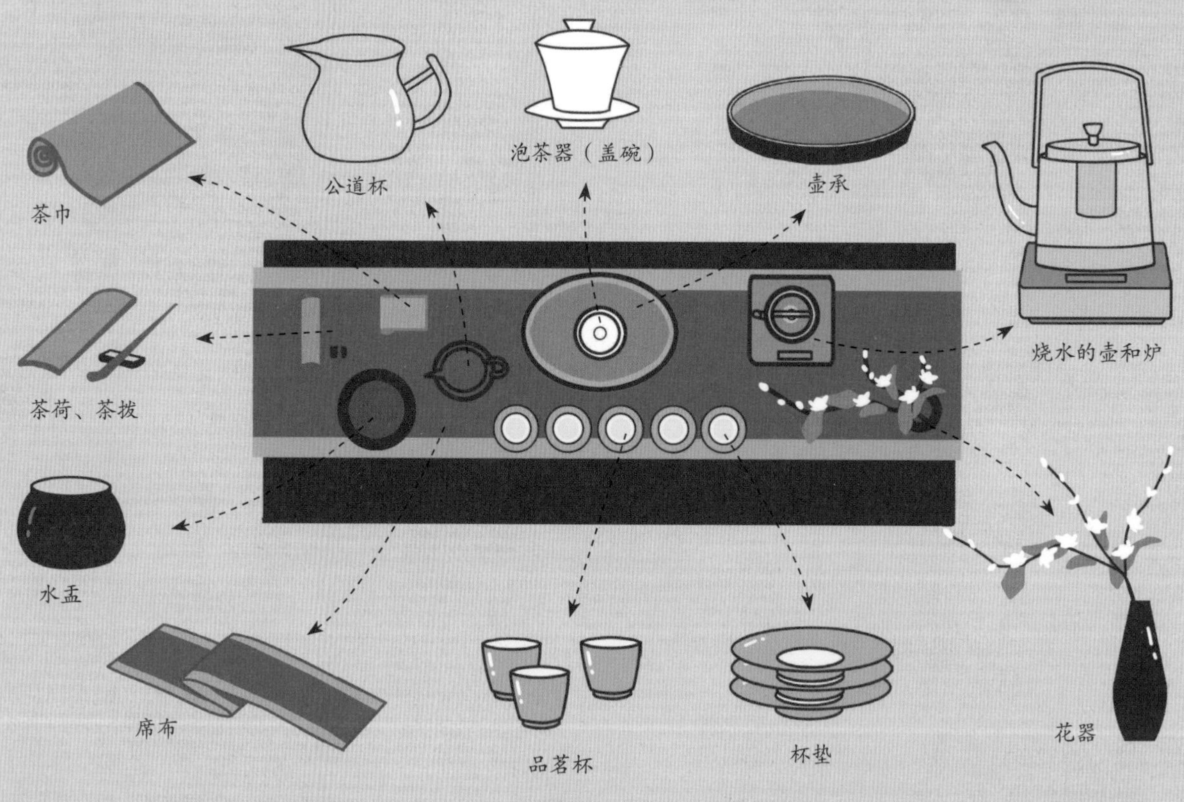

茶席的布局与配置

茶席的主题

茶席上所有器物的巧妙搭配，表达出美感与舒适。如寒冷的冬天可以用朱泥壶等暖色调的茶具，给人温暖的感觉；再如冲泡清爽的绿茶，可以借助青瓷茶具和玻璃公道杯，突出茶带来的清爽。

冬日红茶主题

夏日清凉主题

整体上说，茶席美学的呈现关键在于所有器物的大小、数量、材质、颜色、位置等，它们之间的对比与调和，结合茶席所处的环境，呈现出一种整体的美感，一种潜在的秩序，让泡茶、品茶者都很舒适和享受。

生活中万物都是美学素材

当然，器物的选择可以不必限制，在你的美学秩序内即可。拿一块从山里捡的石头做壶承，用自己缝的布艺做杯垫，用一根干枯的树枝做装饰，都是可以的。

打造自己的茶室兼书房

泡茶和品茶的环境，是泡茶者和茶汤表演的舞台，也是品茶者暂时离开俗事，放松享受的小世界，绘画、书法、花艺、香道、家具等都是让茶拥有意境的元素。

挂画 / 书法

古代文人相聚雅集，常拿出自己绘画或是收藏的作品，供大家鉴赏。书法或绘画作品也确实是现代茶空间不可缺少的背景元素，品茶和赏画都是一种仪式感，品味的过程也是理顺心境的过程，都可以照见自己的内心，彼此相得益彰。

花艺

喝茶空间里的插花，可以对品茶起到点睛之笔的作用，让整个环境灵动起来，但注意不可抢了茶的风头。只要能够适合茶席整体的色调和风格，插花并非一定要有花，树枝、藤蔓甚至枯枝都可以。

插花可以应季应景，如春天用百合，秋天用雏菊，气氛一下就营造出来了。也可按照茶室的调性，如用枯木、菖蒲等突出“拙朴”的复古风格。

香道

中国香文化体现纯粹与高雅，同茶文化有不少相通之处，文人们把焚香、品香作为生活中的美好事物之一。

焚香的香炉加上沉香、檀香等香材，用嗅觉影响精神，同时进行品茶、下棋、赏画等活动，将人置于一种微妙、舒适的氛围中。

香木原料

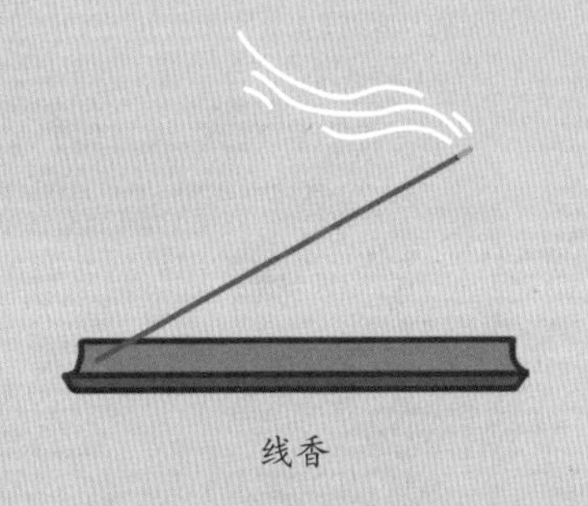

线香

盘香

香炉

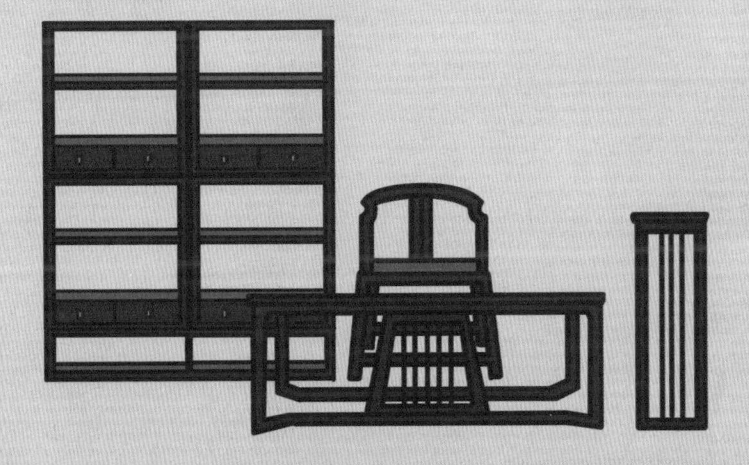

家具

所有的茶具、陈设、配饰，少不了桌椅柜台的承载。一张泡茶台，是品茶最主要的地方，最需要花心思布置。座椅庄重或舒适都可以，够用即可。另外，陈列茶叶、茶具、收藏品的柜子也至少需要一个。

家具豪华还是质朴、风格简单还是浮夸、材质是否天然……这些都不用受限，曾有人花多年时间打造茶室，其间不断将家具和物品拿进拿出，最终得到自己想要的空间气场，可见在一个舒适又极具美感的地方喝茶，是需要用心打造的。

茶道思想

茶道，即茶的规则与思想，是人与茶相互连接、相互影响的结果，体现着人文精神的光辉。人们用在茶中习得的优雅来规范日常的生活，找到属于自己的活法。

扫码看视频

茶道的发展脉络

精行俭德（780年）

唐代陆羽在《茶经》中说：“茶之为用，味至寒，为饮最宜精行俭德之人。”茶与人德行的关联开始萌芽。

三饮便得道（785年）

皎然是陆羽的忘年交，他在《饮茶歌诮崔石使君》中将品茶悟道归纳出三个层次：“一饮涤昏寐，情来朗爽满天地。再饮清我神，忽如飞雨洒轻尘。三饮便得道，何须苦心破烦恼。”

茶十德（813年）

晚唐的宦官刘贞亮在《茶十德》中说：“以茶散闷气，以茶驱腥气，以茶养生气，以茶除疠气，以茶利礼仁，以茶表敬意，以茶尝滋味，以茶养身体，以茶可雅志，以茶可行道。”明确表达了茶对社会道德建设的贡献。

七碗吃不得也（813年）

唐代卢仝在《走笔谢孟谏议寄新茶》中说：“一碗喉吻润，二碗破孤闷 。三碗搜枯肠 ，惟有文字五千卷 。四碗发轻汗 ，平生不平事 ，尽向毛孔散。五碗肌骨清 ，六碗通仙灵 。七碗吃不得也，唯觉两腋习习清风生。”这七个层次成为最出名的茶道艺术表达之一。

清和韵静（1107年）

宋徽宗在《大观茶论》中说茶：“祛襟涤滞，致清导和，则非庸人孺子可得而知矣（不是见识浅陋的人和孩子可以了解的）。中淡闲洁，韵高致静，则非遑遽（jù）之时可得而好尚矣（不是慌乱的时候可以得到和欣赏的）。”高度概括了中国茶道的基本精神。

此后茶道几经沉浮，一直到20世纪，茶道的研究又重新热闹起来。许多文化学者、茶道大家总结过中国的茶道思想，如“和俭静洁”“廉美和敬”等。茶道的内涵十分丰富，这里选择相对关键的三个字来探讨。

茶道思想三大内涵之“和”

“和”是中国儒家思想的核心，也与道家和佛教思想相通。茶的效用自古就被描述为“致清导和”，这个“和”是中和、调和、和谐的意思，生理上有调理的作用，心理上，泡茶品茶的过程被视作思想的载体，是自我反省、修身养性、完善人格的活动。

茶道思想三大内涵之“静”

“静”是饮茶给人的普遍印象。茶树生长在山野之中，四季常青，低调而有君子之风，带来醇和的口感，提神醒脑而不使人过度兴奋和狂躁，饮后使人安静、宁静、静思，这种特性对人类文明起着非常重要的作用，古称“涤尘烦”。

人在慌乱的时候是很难泡好一杯茶的，反过来说，能静下来把茶泡好，人的心也就静了。这是茶道带给我们的妙用之处。

茶道思想三大内涵之“雅”

“雅”是所有爱茶人追求的一种气质，喝茶的环境和器具要高雅，泡茶要优雅，人要儒雅。古人说“以茶可雅志”，志就是目标，以茶修心的过程就是通往雅致生活的方向。

潮州工夫茶十步法

广东潮汕、福建闽南地区流行的工夫茶泡法，是一种用小壶、小杯精心泡茶、品茶的方式，也是中国传统茶叶冲泡艺术的集大成者。

“工夫”二字是讲究之意，潮州工夫茶并非追求形式的外在美，而是注重对茶内质的表现，所有的选材、器具、动作都要为茶服务。

潮州工夫茶十步法

1. 治器

冲泡前的准备工作，包括起火、烧水、烫热茶具。

2. 纳茶

将茶叶倒入壶中，在潮州常专指凤凰单丛茶。

3. 候水

水讲究煮至刚沸腾而未剧烈翻滚时取用，古称“水面浮珠”。

4. 洗茶

高冲注水，立即倒出，这一泡废弃不用。

5. 冲点

即正式开始冲泡，同样高冲注水至满。

6. 刮沫

冲水时有泡沫溢出，用壶盖平推刮去，之后盖上壶盖。

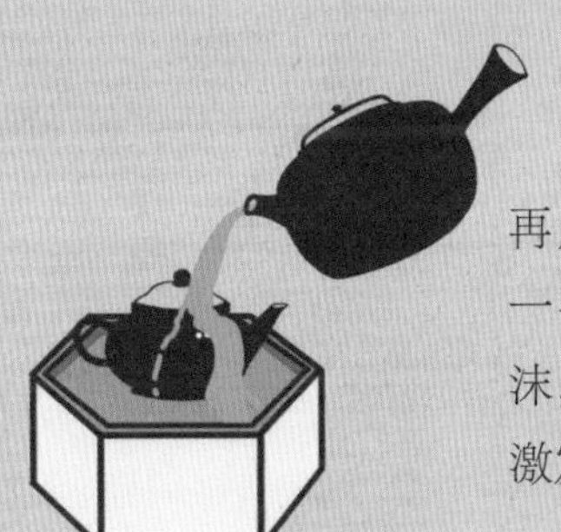

7. 淋罐

再用热水冲淋壶身一次，去除剩余茶沫，使壶温升高，激发茶香。

8. 烫杯

最具趣味的环节之一，将一杯放在另一杯上，手指拨动上面的杯子，会有叮叮咚咚的声音，让每一处都过一遍热水，起到洗杯、温杯的作用。

9. 洒茶

将茶汤均匀分至每一个杯中，通常一壶配三杯，倒茶要像“关公巡城”一样，确保每一杯的茶汤分量、浓度均匀。最后要手提茶壶，将最后几滴茶均匀滴至每个杯中，避免残留，称“韩信点兵”。

10. 品茶

先闻香气，再尝滋味，工夫茶泡法用小杯，需要细啜慢品。喝完后再“三嗅杯底”，体会杯底留下的热香、温香、冷香，回味无穷。

和茶有关的民俗

民俗是人们在长期社会生活中形成并代代相传的风尚，茶在其中扮演着非常重要的角色。

以茶待客

在中国，即使少有喝茶习惯的家庭，也基本都会备上茶叶待客用。客来敬茶，成为最普遍的待客礼节，不论家庭殷实还是俭朴。

茶文化的魅力就在于，可以让人在品味和欣赏中放松情绪，获得身体的舒适和心灵的满足，或是通过茶认识朋友、沟通情感，这是其他的沟通媒介难以企及的。

以茶代酒

《三国志·吴志·韦曜传》记载，吴国的第四代国君孙皓嗜好饮酒，每次设宴，规定来客至少饮酒七升。但他对父亲的老师韦曜甚为尊敬。韦曜酒量不好，孙皓便悄悄让人把酒换成茶，让他不至于难堪，这是“以茶代酒”的最早记载。

今天我们对不胜酒力的朋友，也常沿用这样的做法，以茶代酒，气氛到了就好。

广东人吃早茶

广东人，尤其是广州人爱吃早茶，粤语称“叹茶”，不过茶只是配角，主角是一桌子的蒸饺、叉烧包、蒸排骨、蒸凤爪、炒牛河等各式点心菜品，普洱茶、单丛茶、菊花茶是最常见的，起到去油解腻的作用。有一盅两件（一壶茶两件点心），老广州人就可以在茶楼消磨一个上午的时间。

广东早茶

云南白族三道茶

云南白族三道茶

三道茶是云南白族招待宾客时抒发感情、祝愿美好，并富于戏剧色彩的一种饮茶方式，其独特的“一苦、二甜、三回味”被赋予了很多文化内涵。第一道将砂罐烤热，加茶加水煮沸而成，滋味苦涩，为“先苦”；第二道同样是烤茶，加入红糖、乳扇等，风味香甜，为“后甜”；第三道除了茶，还用蜂蜜、炒米花、花椒、核桃仁作原料，各位俱全，为“回味”。

四川长嘴壶茶艺

长嘴壶茶艺是一种流行于四川，以超长壶嘴（一般为1米）的茶壶、灵巧美妙的肢体动作为特色，有着很高观赏性和娱乐性的茶艺技巧。它的流行和传承与四川茶馆文化息息相关，开始是为了远距离给顾客倒茶，之后演变成一种精彩的表演，甚至是成都茶馆不可缺少的一景了。

四川长嘴壶茶艺

第六章

茶，全世界都在喝

茶，源于中国，

而今正风靡世界。

关于茶，更多新的故事正不断上演，

有人在茶山辛勤劳作，

有人将茶带到远方。

有人沉迷于茶千变万化的风味，

有人在茶中找到内心的安宁。

关于茶，

总有新故事，总有好故事。

茶在世界上的传播大事件

茶从中国起源，无论是漂洋过海，还是马帮驮运，人们用各种方式，只为喝到一口醇香甘甜的茶。

扫码看视频

公元 7 世纪

中国茶叶经陆路传播到中亚、西亚一带（今印度、伊朗、阿拉伯等地），开始了茶马互市。

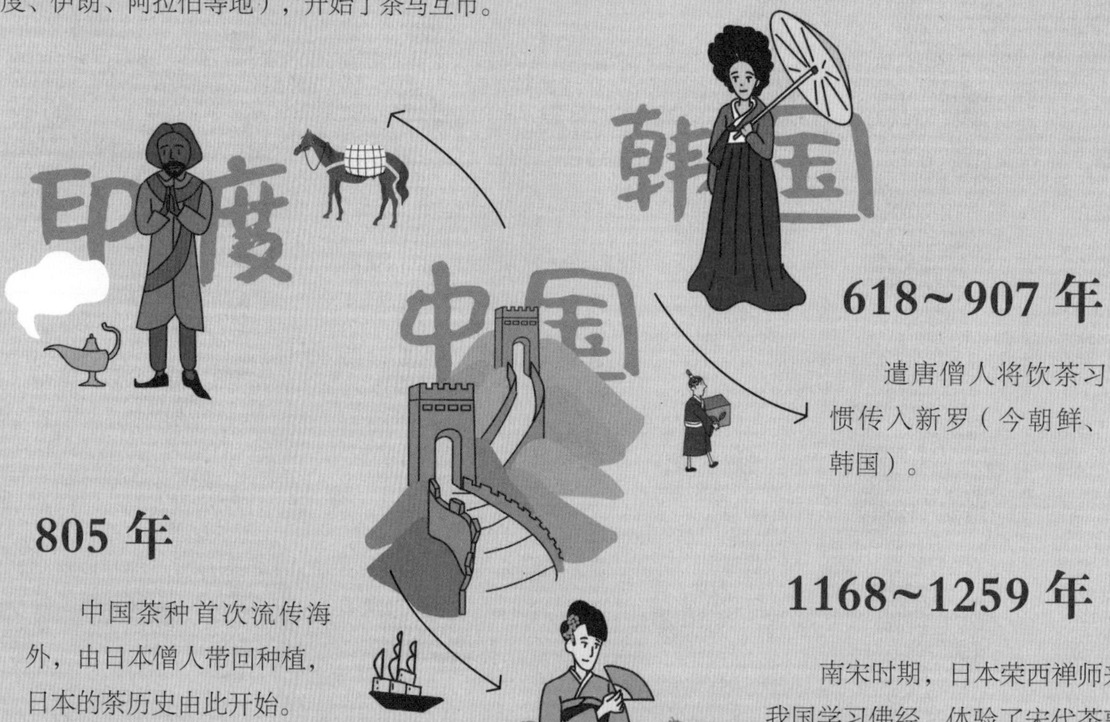

618~907 年

遣唐僧人将饮茶习惯传入新罗（今朝鲜、韩国）。

805 年

中国茶种首次流传海外，由日本僧人带回种植，日本的茶历史由此开始。

1168~1259 年

南宋时期，日本荣西禅师来我国学习佛经，体验了宋代茶事后写出了《吃茶养生记》，并回国大力倡导饮茶。1259 年，南宋茶宴、斗茶等传入日本，后形成今天的日本茶道雏形。

1545 年

意大利人赖麦锡在《航海记集成》中写道：“在中国，所到之处都在饮茶。”这是首个欧洲人撰写的茶记录。

1607~1610 年

荷兰人从中国福建、澳门，以及日本贩运茶叶回国，茶叶开始在欧洲出现。

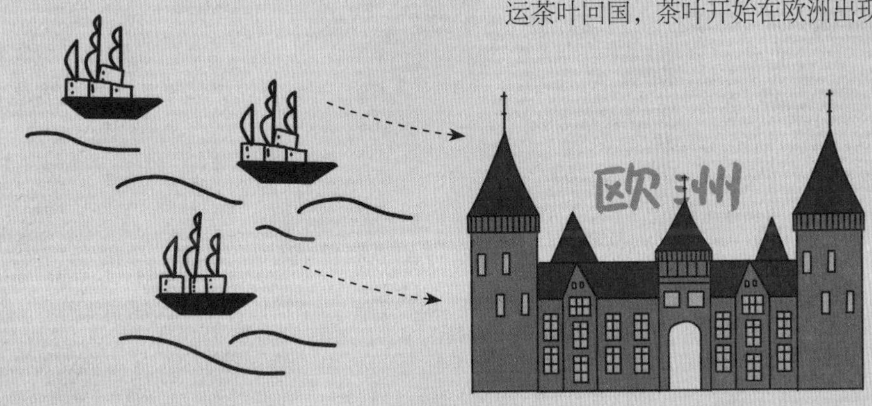

1640 年

《清代通史》记载：“明末崇祯十三年（1640 年），红茶始由荷兰转至英伦。”表明中国红茶由荷兰传入欧洲更多国家。

17 世纪中叶

西班牙人、法国人、荷兰人纷纷踏上美洲，也带去了饮茶的习惯。

1684 年

德国博物学家 A. 克雷在爪哇（今印度尼西亚）试种茶叶，直到 1827 年，第一批样茶由印度尼西亚华侨制作成功。

印度尼西亚，第一批样茶由华侨制成

1773 年

波士顿示威者们乔装成印第安人的模样潜入商船，将东印度公司运来的一整船茶叶倾入波士顿湾，以此反抗英国国会颁布的《茶税法》，最终促成美国革命，史称“波士顿倾茶事件”。

波士顿倾茶事件

1848~1856 年

英国著名的“茶叶大盗”罗伯特·福钧被派往中国，将中国茶树树苗、种子、有经验的种茶制茶工人带去印度，使西方逐渐摆脱中国的茶叶进口依赖，严重打击了中国经济。这段历史被称为人类史上最大的商业秘密盗窃。

“茶叶大盗”罗伯特·福钧

1850 年

由英国殖民者推动，非洲乌干达、坦桑尼亚、肯尼亚等国家先后开展种茶运动。

1867 年

英国在锡兰岛（今斯里兰卡）上种茶，锡兰乌瓦红茶、印度大吉岭红茶、中国祁门红茶被称为世界三大高香红茶。

1903~1908 年

1903 年，第一个手工缝制的装茶布袋出现。1904 年，出现可售卖的茶包。1908 年，纽约的茶和咖啡进口商 Thomas Sullivan 将其成功推向市场，这就是初代袋泡茶。

第一款袋泡茶

1979 年

日本首先成功开发出罐装茶水饮料。随后，相继出现了纯茶饮料和保健茶饮料，茶以更多形式开始滋养全球。

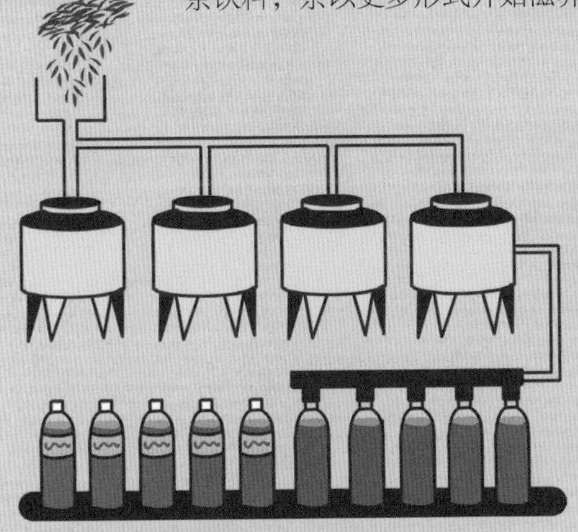

罐装茶饮料的生产

2019 年

2019 年，第 74 届联合国大会宣布将每年的 5 月 21 日设为“国际茶日”，以赞美茶叶对经济、社会和文化的价值，茶被全世界越来越多的人当作日常的健康饮品。

日本

公元 805 年，由入唐学习的僧人将茶叶带入日本，之后日本逐渐形成了独具本国特色的茶文化。

茶叶年产量
7 万吨

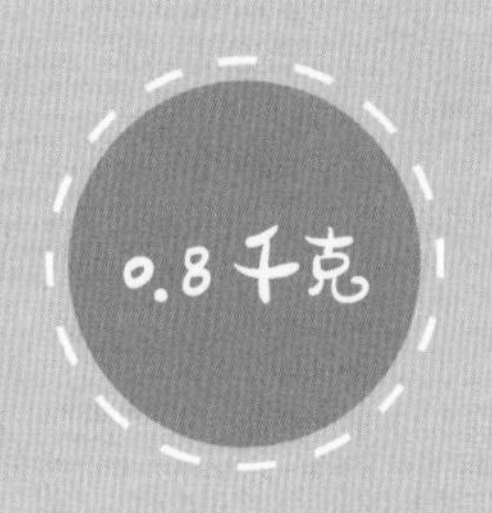

平均每人每年喝掉茶叶
0.8 千克

哪里有茶？

日本的茶园主要分布在中南部，尤其以静冈、京都宇治等为出名，静冈的茶叶年产量占日本全国的近 50%，京都宇治则是生产玉露茶、抹茶的重镇。

出产什么茶？

日本出产的茶绝大多数是蒸青绿茶，按照品质等级、制作方法等区分，被分为玉露、煎茶、抹茶、玄米茶等。其中煎茶的产量占日本全国的 80%，它是由茶树顶端采摘下来的鲜嫩茶芽，先用蒸汽杀青，再揉成细针状，最后烘干而成的。

因受海洋性气候、海风吹拂、土壤等自然因素，及遮阴栽培、蒸汽杀青工艺等人为因素影响，日本绿茶多有青草香、海藻风味，以及特别的鲜爽口感。

玉露

煎茶

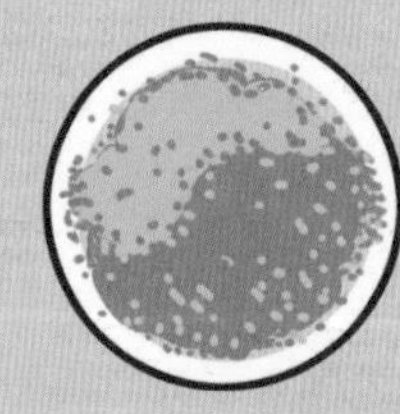

抹茶

玄米茶

怎么喝茶？

在日本的家庭里，使用茶壶冲泡煎茶，再倒入茶杯或茶碗饮用，是非常常见和简单的饮茶方式。不过给其他国家更深印象的，是过程缓慢、流程较多、仪式感极强的日本茶道。

日本茶道使用的是抹茶粉。茶道本是一种佛教仪式，16 世纪被日本茶道大师千利休确立、完善和普及。其中不仅包含了各项礼仪要求，还有茶室、器具、冲泡手法的规范，当然最关键的是其内核的精神：和、敬、清、寂（和谐、尊重、清净、静寂），可以说是一套美学艺术体系，这也是众多茶爱好者愿意学习，并为之着迷的原因。

千利休确立了日本茶道

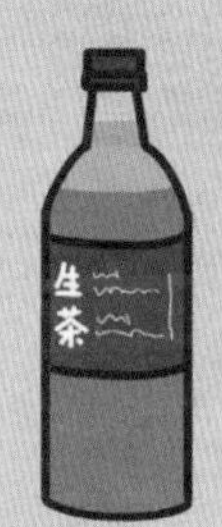

茶饮料

1979 年，日本生产出世界上第一款罐装乌龙茶、罐装绿茶，直到今天，瓶装茶饮料出现在日本几乎所有的超市中。对生活节奏较快的人群来说，茶饮料成为解渴、好喝的绝佳选择。许多日本家庭也用茶饮料代替传统茶，做日常饮用。

茶泡饭

日式茶泡饭，是将煮好的米饭盛入碗中，加入酱油、海苔丝，倒入泡好的煎茶茶汤，再撒上熟芝麻即可。其他食材可以根据自己的喜好加入。

英国

英国是一个几乎不产茶的国家，却有着全民饮茶的风俗。每到下午 4 点，人们手头上的各种事情都要为喝茶让步，这是英式下午茶的盛景。

英国几乎不产茶

平均每人每年喝掉茶叶 1.61 千克

凯瑟琳公主

1662 年，葡萄牙公主凯瑟琳嫁给了当时的英国国王查理二世，一起带去英国的物品中就有三箱茶叶，这是来自中国福建的红茶。虽然之后他们的婚姻生活并不幸福，但人们记住了这位爱喝茶的王后，英国人也有机会认识到喝茶是一种高端、上档次的生活习惯。

下午茶风俗

19 世纪的英国贵族习惯每天吃早、晚两餐，漫长的午后让人饥饿难耐，贝德福公爵夫人则想到准备一些奶油、面包，配上中国茶，与好友共享，相传这是最早的英式下午茶。

这样的时尚生活方式迅速从贵族流行至平民。到了 19 世纪末，英国从几乎不喝茶，转变成一个几乎人人喝茶的国家，其中以中国的正山小种、祁门红茶，印度的阿萨姆红茶、大吉岭红茶最为畅销。下午 4 点，吃着点心喝着茶，这是英国人悠闲的社交和放松的时光。

英式下午茶的悠闲放松时光

拼配，全球工业体系

英国的地理纬度较高，气候条件不太适合茶树生长，但却在400年里练就了拼配的绝技。英国茶企从全球采购优质的茶叶和花草茶，以一定比例调和，创造出众多品质稳定、风味独特的纯茶、调味茶产品，这得益于英国还被称为“日不落帝国”时便已形成的茶叶工业化体系。

如广为人知的格雷伯爵红茶，正是以多种红茶为茶底，加入佛手柑油调和而成，醇和的口感带有果皮清香，流行了近200年。

拼配师在英国茶企中的地位很高，他们依靠敏锐的感官和创意，确保每一款茶品质稳定，也创造出众多广受市场欢迎的新茶品。拼配师、评茶师们一天品鉴上百款茶都不在话下，审评茶叶的方式与中国类似，都是借助专业审评用具，综合评判每一款茶的色、香、味等要素。

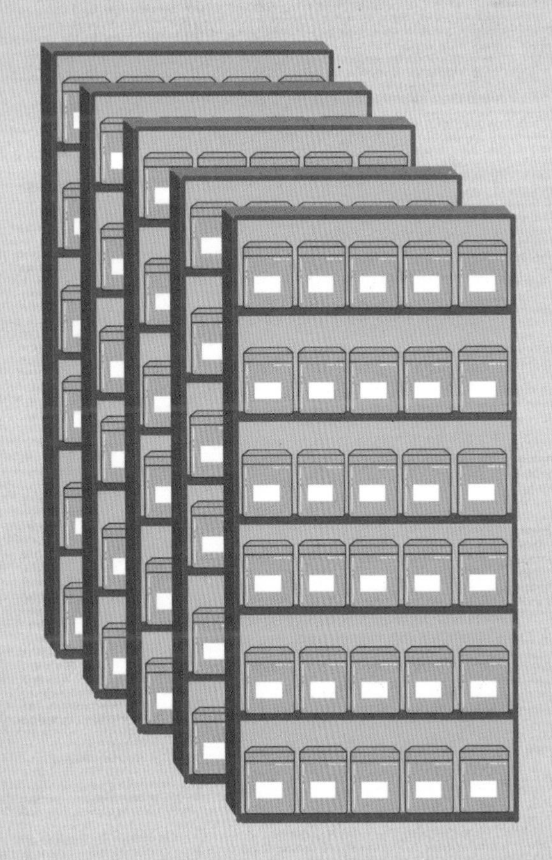

英国茶叶的审评与拼配

印度

作为世界第一大红茶生产国，印度有着有趣的茶叶生产历史，大众今天熟知的阿萨姆红茶、大吉岭红茶等，也非常值得了解。

茶叶年产量
125.8 万吨

平均每人每年喝掉
茶叶 0.83 千克

历史

印度的产茶历史已有 200 多年，和英国殖民时期关系密切。当时因中国茶叶价格高昂，并且英国人对茶叶的依赖日益加深，所以急需找到自给自足的方法。

1824 年，英国军官在印度阿萨姆发现了茶树，之后又派遣植物学家到中国寻找树种和制茶工人，依靠技术与运作，最终实现了印度红茶生产的巨大成功，印度便成为当今世界第一大红茶生产国。

印度茶来源于中国

99% 是红茶

印度绝大多数的茶用红茶工艺制作，按工艺细分，有传统红茶和 CTC 红碎茶。传统红茶即原叶茶，从嫩度、整碎等维度分成多个等级；CTC 是 crush（压碎）、tear（撕裂）、curl（揉卷）三个单词首字母的缩写，生产时将叶片制成极小的颗粒后再发酵，出味快、滋味浓，用于制作奶茶和饮料都非常适合。

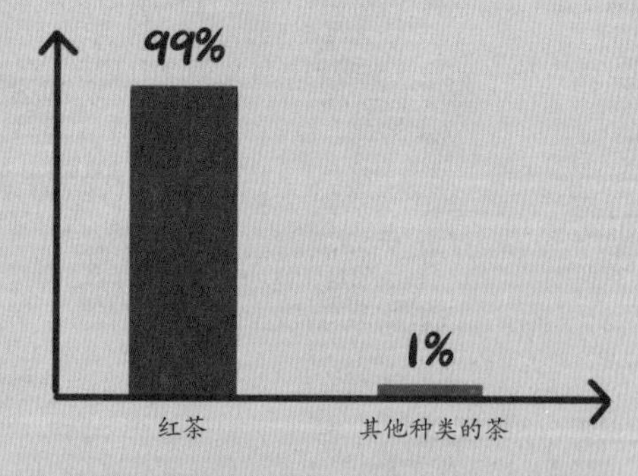

印度茶叶生产结构

三大产地

印度红茶按产地分，有阿萨姆红茶、大吉岭红茶、尼尔吉里红茶等。

阿萨姆红茶产自印度阿萨姆邦，茶叶产量占全国的55%左右，地位很高，其发酵较重，风味浓郁强烈。

大吉岭红茶是印度红茶的高端货，产自靠近喜马拉雅山脉的大吉岭高原，茶园海拔 2000~2500 米，发酵偏轻，香气极高。上等的大吉岭红茶有葡萄香气，有“红茶中的香槟”之美誉。

尼尔吉里红茶产自印度南部的平缓丘陵地带，风格兼具清新香气和浓烈滋味，常与香料、香草混合制作调配茶。

印度茶三大产地

怎么喝茶？

印度的街头常见饮茶的小摊，老板售卖的奶茶是印度民间常喝的饮品。红茶与牛奶同煮，加入糖和豆蔻、马萨拉等香料，过滤出来按杯售卖。也有观赏性很强的“拉茶”，用料同样是茶、奶、糖、香料，用两个茶缸反复冲倒，奶与茶充分融合，形成绵密的口感。

饮用印度奶茶最常用的是土碗，用泥土烧制，成本很低，都是一次性使用，饮完一杯之后便可随手丢弃。

印度拉茶与街头茶饮

斯里兰卡

斯里兰卡是印度洋上的一个岛国，仅 6.56 万平方千米的国土面积，每年却可以生产出 20 多万吨红茶，是名副其实的“红茶之岛”。

茶叶年产量
27.8 万吨

平均每人每年喝掉
茶叶 1.36 千克

历史

和印度一样，斯里兰卡的茶叶历史也与英国殖民相关。1839 年，英国人首次从印度将茶树带入斯里兰卡这个岛国（当时称锡兰国），经过一段时间的摸索，1867 年开始种植茶园与生产茶叶，被称为“锡兰红茶”，名称沿用至今。

目前斯里兰卡的茶园里，茶树品种也多为中国品种、印度阿萨姆种，和后来当地科学家培育出的杂交品种，可以说斯里兰卡的产茶历史与中国、英国、印度这一条线密不可分，斯里兰卡也成长为世界第二大红茶出口国，茶产业养活了国内上百万人口。

出产什么茶？

作为红茶之岛，斯里兰卡所产茶叶基本都为红茶，茶园分布在岛国中部和南部的七个茶区，既有海拔 1200~2500 米的中央高地，也有海拔 600 米以下的低山丘陵，每个区域都有自己的特色。总体来说，斯里兰卡红茶有着红艳明亮的茶汤、独特浓郁的香气、极其醇厚的滋味，其中乌瓦茶区所产的乌瓦红茶最为知名，有浓烈强劲的花朵芳香，是世界三大高香红茶之一。

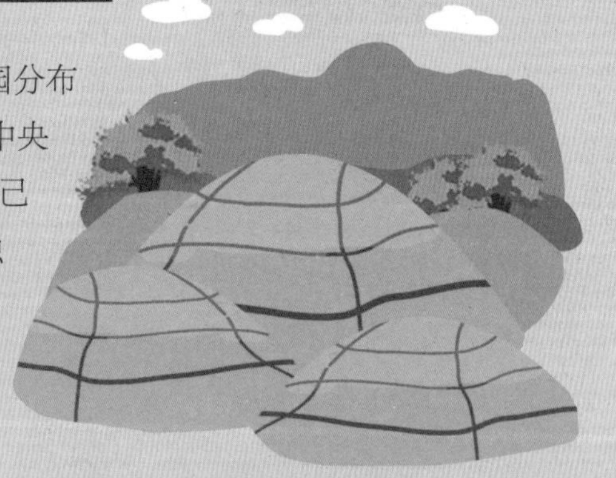

斯里兰卡茶园示意

国际红茶贸易代号

斯里兰卡红茶的包装上，常见 OP、FOP 等字母标识，这是英国人发明的红茶等级专业术语，以茶叶外观、大小分级，而非从品质来区分，是目前国际红茶贸易的级别代号，印度红茶同样采用这种方式。

GT

金毫

幼嫩芽制成

OP

橙白毫

外形细长，有少量芽

BOP

碎橙白毫

碎的 OP，颗粒小

FOP

花橙白毫

嫩芽和白毫明显的 OP

主要专业名词	
B	Broken（碎型）
G	Golden（金黄）
D	Dust（末茶，茶粉）
O	Orange（橙黄）
F	Flowery（花香）
P	Pekoe（白毫）
S	Souchong（小种红茶）
T	Tips（嫩芽）
FNGS	Fannings（片茶，小片状）

怎么喝茶?

在斯里兰卡，人们喜欢在一杯浓烈的茶汤里加入牛奶或者糖浆，这种刺激感和热量的补充被认为是消除日常工作疲惫感的最好方式，冲泡时茶叶一般是一次性的，并不会像工夫茶那样反复冲泡，茶叶泡完一壶就可以直接丢弃。

在城市的街头，有很多卖茶水的小站，一个杯子加一包茶，热水一冲就可以饮用，就像进便利店买一瓶水那么自然，这是他们简单朴素而又必需的生活方式。

土耳其

说到土耳其，可能大家很少将其和茶联系在一起，但其实它是世界上人均饮茶量最大的国家，产茶量也能排进世界前五，是不可忽视的茶叶需求大国。

茶叶年产量
28 万吨

平均每人每年喝掉
茶叶 3.2 千克

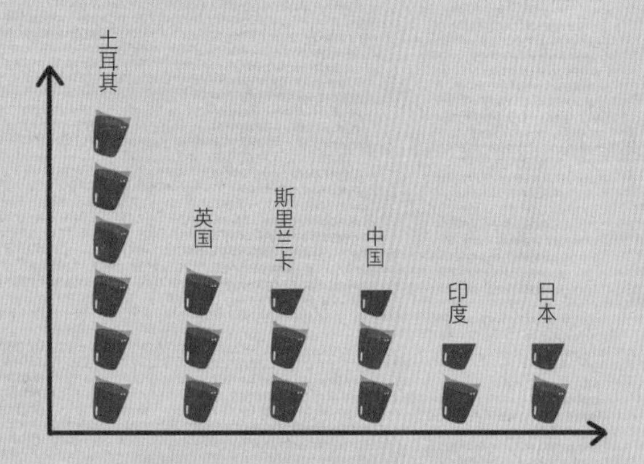

各主要饮茶国人均饮茶量比较

历史

早在 16 世纪，茶叶便通过丝绸之路传到了土耳其，不过当时咖啡才是主流饮品。1888 年，土耳其开始用中国茶籽试种，然而由于选址和气候不适合茶树生长，数次宣告失败。

土耳其共和国成立后，原本的咖啡产区已不属于现有国土，政府决定从格鲁吉亚引进茶籽，种植于东北部临近黑海的山区，终于在 20 世纪 30 年代至 50 年代，土耳其的茶产业得到全面发展。如今，土耳其所产茶已能自给自足，茶代替咖啡成为全国最受欢迎的饮品，人均茶叶消费量更是攀升至世界第一。

出产什么茶？

土耳其最常见的是恰库（Caykur）里泽茶，即土耳其红茶，产自里泽省，基本是用 CTC 工艺制成红碎茶，色泽红艳如玛瑙，滋味浓郁强烈。

土耳其恰库里泽茶

怎么喝茶?

在土耳其，喝茶可以用狂热来形容。虽然本书倡导大家早起空腹不要饮茶，但土耳其人似乎不可能做到，从早晨起床到晚上睡觉前，喝茶是可以发生在任何时间、任何地点的全民活动。

为新来的客人提供一杯茶是友好的象征，在公司、工厂、学校等地方甚至有专门的岗位负责煮茶、送茶。

郁金香茶杯、双层子母壶

土耳其茶文化最具识别度的是喝茶的器具，郁金香形状的茶杯、双层子母壶一看便知是土耳其风格。郁金香是土耳其重要的文化符号，当地喝茶的杯子形状也像郁金香一样有着颜值颇高的腰线，非常优雅好看。

使用双层子母壶泡茶时，先在大茶壶里放水加热，接着在小茶壶里放入茶叶，等大茶壶的水开了之后直接倒进小茶壶中，浸泡 3~5 分钟成浓茶，大茶壶持续煮水以保持茶汤温度。之后将小茶壶中的浓茶倒进小玻璃茶杯中（不倒满），最后再把大茶壶的开水冲入盛有浓茶的茶杯里稀释到自己喜欢的浓度，加入白糖搅拌几下，就可以喝了。

土耳其茶的冲泡方法

肯尼亚

非洲也产茶？实际上非洲不止有沙漠，也有许多风景秀美、适合茶树生长的地方，肯尼亚便是其中的佼佼者，它是全球茶叶出口量第一的国家。

茶叶年产量
57 万吨

平均每人每年喝掉
茶叶 0.84 千克

历史

与印度、斯里兰卡相似，肯尼亚的茶历史也是开始于英国的殖民统治时期。17~20 世纪初，非洲多个国家都出现了茶叶种植的浪潮，这与西方世界对茶叶的需求增大，出现了客观的经济价值相关。1903 年，欧洲移民凯恩在肯尼亚开始栽培茶树，这被认为是肯尼亚茶产业开始的标志。

在殖民者统治阶段，肯尼亚的茶业虽开始起步，但发展缓慢，直到 1963 年独立后才迅速崛起，并成为国际茶叶市场上一个不可忽视的国家。进入 21 世纪后，肯尼亚的茶叶出口量跃居全球第一。

肯尼亚是世界茶叶出口第一大国

肯尼亚茶园示意

出产什么茶？

肯尼亚的茶园多分布在海拔 1000 米以上，东非大裂谷一带的高原地区。这里降雨量大，气温适宜，土壤肥沃，适宜茶树生长，而且因为地处赤道附近，一年气候变化不大，全年都可以采茶。

茶树品种以印度流传过去的阿萨姆种为主，经过多年的改良，产量极高，全国的茶叶年产量超过 50 万吨，绝大部分出口到巴基斯坦、英国、埃及等。出产的茶叶大部分是 CTC 红碎茶，有浓郁刺激的辛香，茶汤浓醇红亮。

怎么喝茶？

肯尼亚茶叶在国际市场的兴旺，与国内市场的低迷呈现鲜明的对比，肯尼亚的茶叶出口量几乎接近总产量，当地人的茶叶消费很少。

当然对于爱喝茶的肯尼亚人，依然保持着英式喝茶的习惯，在浓醇的茶汤中加入奶和糖，茶叶以茶包的形式为主。

肯尼亚工人采茶

肯尼亚人喝茶时加糖加奶

第七章

时尚新茶饮，在家也能做

茶流传千年，

而今正不断以新的方式呈现，

当茶与糖、奶、果蔬、苏打水、酒融合，

会呈现出怎样的风味？

快乐的、温馨的、热烈的、醇厚的……

相信总有一种味道可以打开你的味蕾，

丰富你的记忆。

现在就亲自动手，体验新茶饮带给自己的另一种滋养吧！

准备

在撸起袖子开始做之前，有一些家中不常见的材料，其实可以很简单地做出来。还有一些用具，如果你想做得口感稳定又好喝，那么它们肯定少不了。

家中可以添置的用具

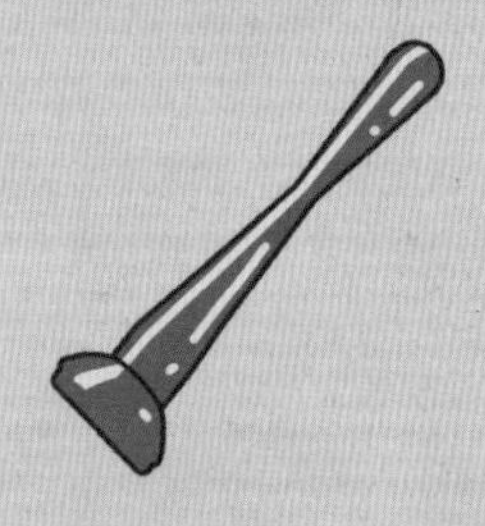

捣棒

用于捣压水果出汁，也可用其他圆柄用具代替

冰格

根据需要制作的量，提前准备好冰块

电子秤

有去容器重量功能的电子秤，是精准控制固体材料的好帮手

量器

常用的有 15mL、30mL 的不锈钢杯，还有大容量的玻璃或塑料量杯

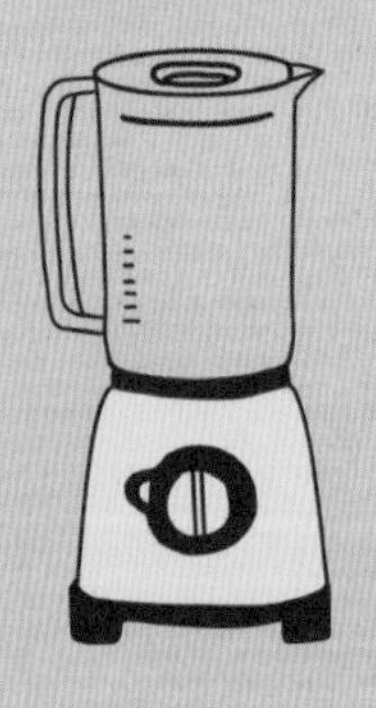

搅拌机

台式的榨汁机、破壁机都很适合用于制作冰沙、果汁等，以达到绵密丝滑的口感

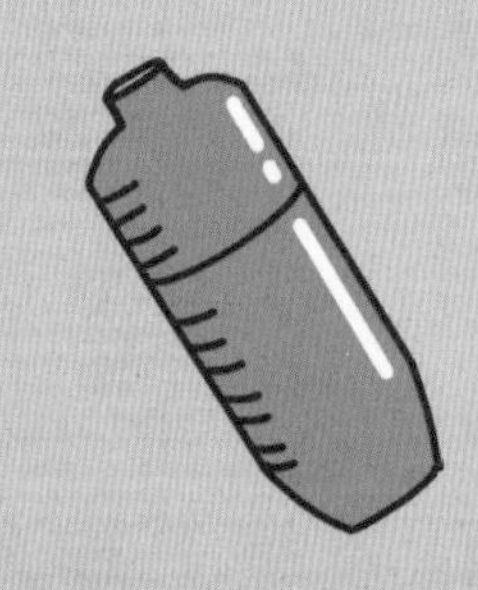

摇酒器

在鸡尾酒的制作中十分常见，用于将液体充分混合，也适合快速冰镇

材料的预制作

茶的要求

调饮茶很多都是冰饮，需要考虑到冰块的稀释作用，以及温度对茶味的影响。因此，茶叶的用量和正常的清饮相比会有差别，冲泡时茶叶会放得更多，泡出的茶汤也较浓。

自制糖浆

白砂糖与水 1:1 混合成浆状液体，甜度适中，且能够更快与液体相融。

芝士奶盖

茶饮店的那种芝士奶盖，也可以在家轻松制作。250mL 纯牛奶 +100g 奶油芝士 +3g 海盐，充分搅匀成乳液备用。150mL 淡奶油 +30g 白砂糖搅匀后与乳液混合，搅拌均匀即可。3~4 人份。

茶 + 水果

下午茶经常有水果和茶，那为什么不把它们结合一下呢？街边的水果茶店铺已经非常普遍，水果的酸甜和茶的清香走到一起，会呈现出怎样的精彩呢？

手打柠檬红茶

水果茶、柠檬茶都是大家最常见的爆款了，酸酸甜甜，回甘醒神。香水柠檬香气扑鼻，与带有天然花果香气的红茶很好地融合，建议选用滋味浓强、甜香明显的红茶。

材料：

香水柠檬

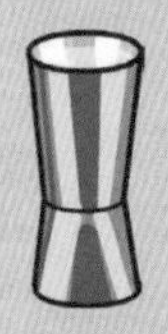

自制糖浆

冰块

红茶茶汤

10g 滇红茶，250mL 沸水浸泡3分钟，过滤备用

手打柠檬红茶制作步骤

手打柠檬红茶

霸气满杯水果茶

边喝茶，边用勺子吃多种水果，茶香果甜交融，成为夏日水果新吃法。冬天也可以不加冰块，将水果与热茶放入可加热的茶壶中，再用蜡烛温热。水果有多种选择，自己喜欢的水果都可以加入，不用限制。

材料：

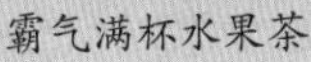

霸气满杯水果茶

霸气满杯水果茶制作步骤

茶 + 苏打水

苏打水在口腔中破裂的气泡为夏日带来不少冰爽，苏打水也经常用在鸡尾酒等调饮中，当它和茶相遇，清新值又往上提升了不少，可以给你带来不一样的体验。

茶吉托

莫吉托（Mojito）是一种起源于古巴，以朗姆酒、蔗糖、柠檬、薄荷、苏打水为原料调制而成的，世界上最知名的鸡尾酒之一。其实用绿茶做茶底，以莫吉托的做法同样可以创造出一杯清爽怡人的茶吉托。

材料：

青柠檬

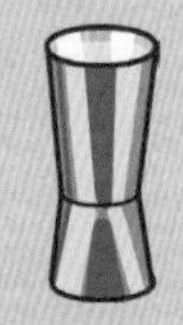

自制糖浆

白砂糖与水1:1搅拌均匀

冰块

冷泡绿茶茶汤

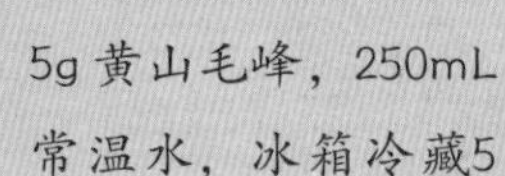

5g 黄山毛峰，250mL常温水，冰箱冷藏5小时，过滤备用

薄荷叶

苏打水

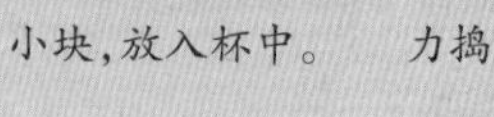

① 将青柠檬切小块，放入杯中。

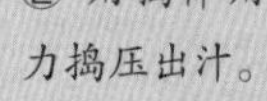

② 用捣棒用力捣压出汁。

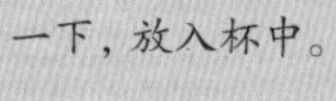

③ 将薄荷叶拍打一下，放入杯中。

④ 加入冰块。

⑤ 倒入冷泡绿茶茶汤至半杯。

⑥ 倒入 15mL 柠檬汁、30mL 糖浆。

⑦ 倒入苏打水至九分满，稍加搅拌即可饮用。

茶吉托制作步骤

茶吉托

红柚茉香苏打水

柚子与蜂蜜是非常经典的组合，选择红柚则令这款饮料有了更诱人的颜色；茉莉花茶鲜灵的香味给这杯茶增加了一道风味层次；苏打水的气泡感是夏日熟悉的触觉……总之，这是一款拥有独特风味的佳饮。

材料：

红柚

蜂蜜

冰块

冷泡茉莉绿茶茶汤

5g 茉莉绿茶，250mL 常温水，冰箱冷藏 5 小时，过滤备用

苏打水

红柚茉香苏打水

红柚茉香苏打水制作步骤

茶 + 芝士奶盖

芝士奶盖充满热量，不过茶可以解油腻，二者岂不是绝配？口感上也确实如此，颜值超高的奶盖茶，需要将茶底与奶盖一起喝下，卡路里和清肠的愉悦感竟然同时出现。

芝士奶盖芒果茶

茶与芒果融合成的茶底味道酸甜有回甘，芝士奶盖有一些咸咸的甜腻。饮用时建议将奶盖与果茶底一起喝入口中，两者交织在一起的感觉特别棒。

材料：

柠檬汁

自制糖浆
白砂糖与水1:1搅拌均匀

冰块

红茶茶汤
12g 正山小种茶，300mL 沸水浸泡3分钟，过滤备用

芒果

芝士奶盖

① 将芒果去皮取肉，放入搅拌机 / 破壁机。

② 倒入 20mL 柠檬汁、30mL 糖浆。

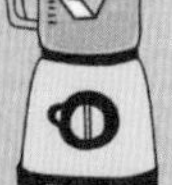

③ 加入冰块。

④倒入泡好的红茶茶汤。

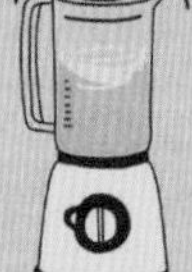

⑤ 打开机器开关，搅拌至质地绵密丝滑，倒入杯中。

⑥ 倒入芝士奶盖，即可饮用。

芝士奶盖芒果茶制作步骤

芝士奶盖芒果茶

芝士奶盖茉莉绿茶

绿妍就是茉莉绿茶，以绿茶吸收茉莉花香制成。饱满的花香加上清爽的口感，还带有一些茶的涩味，是很多调饮配方中的经典茶底。与芝士奶盖融合后，更是像天雷对地火，既有味觉冲击，又彼此相融。

材料：

青柠汁

自制糖浆

白砂糖与水1:1
搅拌均匀

冰块

茉莉绿茶茶汤

5g 茉莉绿茶，250mL
90℃热水浸泡3 分钟，
过滤备用

芝士奶盖

芝士奶盖茉莉绿茶

芝士奶盖茉莉绿茶制作步骤

茶 + 牛奶

茶与牛奶是很早就有的一种搭配了。红茶通常作为第一选择，当然也可以选用烘焙比较足的武夷岩茶，或者是清新的抹茶，风味更独特。

奇兰奶茶

奇兰是武夷岩茶的品种之一，属于乌龙茶，因高扬浓郁的香气和饱满均衡的口感，使其成为奶茶的新晋流行茶底。与奶融合后，醇香、茶香皆突出，饮后回甘特持久。

材料：

纯牛奶

自制糖浆

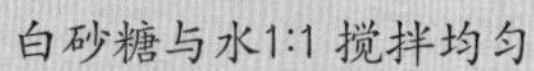
白砂糖与水1:1 搅拌均匀

奇兰岩茶

常温饮用水

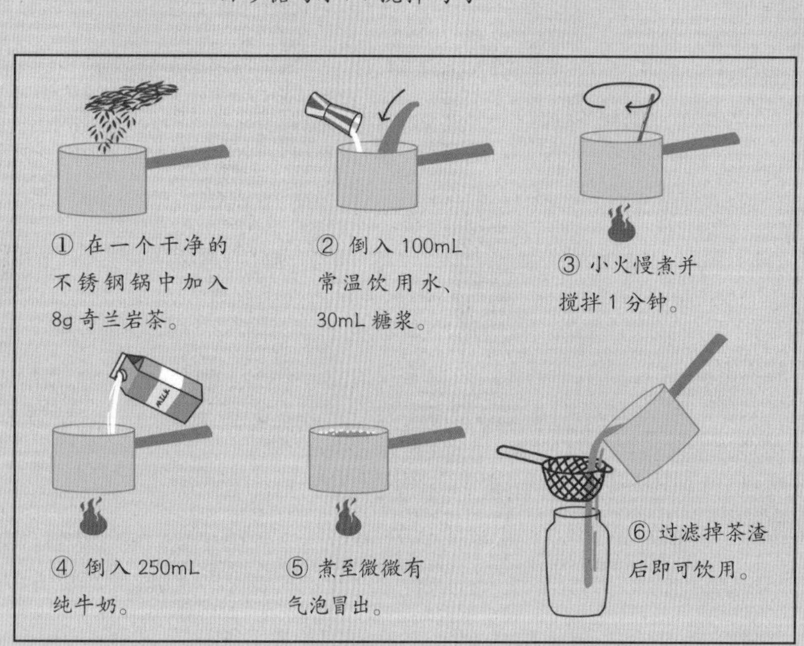

奇兰奶茶制作步骤

奇兰奶茶

抹茶拿铁

抹茶拿铁是许多咖啡馆菜单里常见的出品之一。其实在家中可以融合宋代的点茶法，用抹茶液代替浓缩咖啡，做出充满仪式感的抹茶拿铁。其中抹茶粉是蒸青绿茶研磨后再加工而成的，氨基酸、茶多酚、叶绿素含量都比常规茶叶要高，风味也更加鲜美。

材料：

纯牛奶

自制糖浆

白砂糖与水1:1搅拌均匀

冰块

抹茶液

2g抹茶粉，加入20mL 80℃的热水搅拌均匀，再加入80mL剩余热水混合均匀

奶泡

用打奶器或咖啡机上的蒸汽杆制作出绵密轻盈的奶泡

抹茶粉

抹茶拿铁

抹茶拿铁制作步骤

茶 + 酒

茶与酒，两生花，通常是各自绽放。但创意就是打破常规，目前以茶酿酒，酒中加茶已经不是什么新鲜事，调茶师、调酒师们大可互相借鉴，创造出新的美味饮品。

爆香柠茶威士忌

茶与酒的融合是很多调酒师的灵感素材，柠檬红茶与威士忌的融合正是其中的惊喜之一。威士忌可以选择自己喜欢的口味，相互的比例也无一定之规，正像生活需要一些出其不意。

材料：

香水柠檬

自制糖浆

白砂糖与水1:1

搅拌均匀

冰块

红茶

5g 滇红茶，250mL 沸水

浸泡3 分钟，过滤备用

苏格兰威士忌

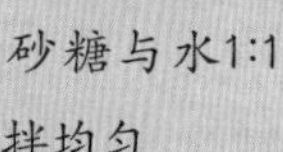
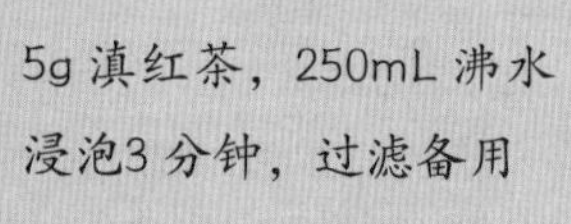

① 将香水柠檬切成3mm 厚的柠檬片，放 2 片入杯中。

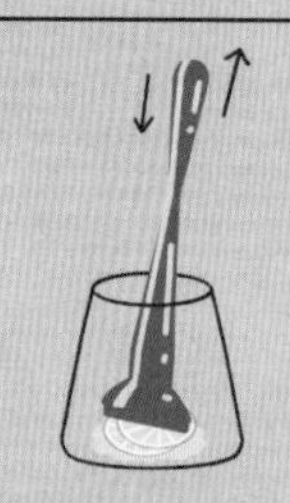

② 用捣棒用力捣压出汁。

③ 倒入 30mL 糖浆。

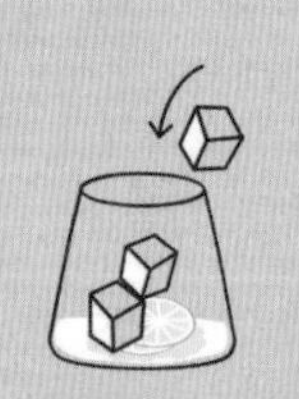

④ 加入冰块。

⑤ 倒入泡好的红茶茶汤至半杯。

⑥ 倒入苏格兰威士忌至九分满。

⑦ 搅拌均匀即可饮用。

爆香柠茶威士忌制作步骤

爆香柠茶威士忌

高冷乌龙伏特加

乌龙茶的苦涩味和香气可以减少伏特加的辛辣，橙汁也让酒入口更好喝。不过这款茶饮的酒精度较高，切莫贪杯哦。

材料：

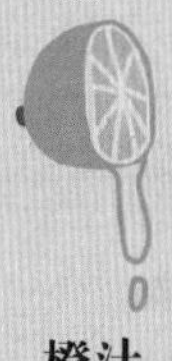

橙汁　伏特加　冰块　台湾高山乌龙茶

高冷乌龙伏特加　　高冷乌龙伏特加制作步骤

20个最容易被误解的茶叶基础知识

1 安吉白茶不是白茶，是绿茶

安吉白茶名字虽然带有“白”字，但它是实实在在的绿茶。茶的分类是按照加工工艺区分的，安吉白茶完全按照绿茶工艺制作。名为白茶是因为安吉白茶的茶树（白叶一号）芽叶对温度敏感，春季低温时茶树发生变色现象，叶色极淡，接近白色。基于这个特性，再由此茶产自浙江省湖州市安吉县，故称为安吉白茶。等春季升温至22~23℃，茶叶又会呈现绿色了。

2 大红袍不是红茶，是乌龙茶

大红袍的名字来源于一个民间故事。传闻明末一书生进京赶考，路过福建武夷山时大病，巧遇一和尚好心收留，休养时饮用了寺里的茶叶，病痛即止。后来书生考中状元后衣锦还乡，回武夷山感谢和尚，并将自己的状元红袍披在茶树上，当地茶因此得“大红袍”美名。实际上，大红袍是按照乌龙茶工艺制作的，属于乌龙茶类中武夷岩茶的一种，经过烘焙后茶汤红亮，但并非红茶。

3 铁观音不是绿茶，是乌龙茶

铁观音有数种滋味类型，目前比较流行和普遍的是清香型铁观音，茶叶颜色绿，茶汤也呈清爽的浅绿、黄绿色，常被误认为是绿茶，实际上铁观音的制作方法为乌龙茶工艺，其高香的品质也是乌龙茶的典型特征。

4 红茶不是红茶树上长的

有茶友曾提问，红茶是否由红茶品种的茶树芽叶制作，绿茶由绿茶品种的茶树芽叶制作？其实不然，所有的茶叶原料来源，都是茶树的叶片，一片叶子可以按照不同的工艺制作成不同的茶。不过茶树的品种非常多，有的香气好，适合制作乌龙茶；有的氨基酸含量高，制作绿茶特别鲜甜；有的各物质含量比例适中，制作各类茶都很不错。这些都是茶树品种的特性所致，只有“适不适合”，没有“可不可以”。

5 六安瓜片的“六”念“lù”，不念“liù”

六安瓜片是中国十大名茶之一，产自安徽省六安市，是绿茶中几乎独一家的只采叶片、无芽无梗的茶。传统工艺制作时经过炭火烘焙，是一款口感极为浓郁的绿茶。其中“六”这个字很容易念错，它是一个多音字，六安的地名读法是按照江淮地区的上古读音，从汉代传承至今。因此，在六安瓜片这款茶中，读作六（lù）安瓜片，也算是一种历史传承的缩影吧。

6 鸭屎香不是臭的，是香的

“鸭屎香”并非有鸭屎的臭味，而是广东潮州凤凰单丛茶的一种经典香型，又称银花香，有近似金银花的香气。“鸭屎香”的名字来源有几种说法，一种是说某位茶农家中有很香的茶树品种，因为怕茶苗被人偷去，所以故意丑化茶名，附近人问他的茶是什么香？茶农回复说是鸭屎香。另一种说法是该茶树栽种在俗称“鸭屎土”的黄土壤上，长势特别好，因此而得名。

7 洞庭碧螺春，不在湖南洞庭湖，而在苏州洞庭山

外形细嫩卷曲，又香又可爱的洞庭碧螺春，其产地常被误解。碧螺春产自江苏省太湖里的洞庭山，洞庭山是东山、西山的合称，其实是湖中的两个岛。而名气更高的洞庭湖属于湖南省，湖中有一个叫君山的岛，也盛产一种有名的黄茶，叫君山银针。

8 茶的“黄片”是指粗老的叶片

茶叶在采摘时，难免会有一些偏老的叶片，制茶完成之后，这些叶片往往粗大明显，呈黄色，于是就被称为黄片。黄片通常被视作低档的、影响茶叶等级和观感的部分，需要在精制环节中剔除。不过在普洱茶中，黄片因为冲泡后甜度高，而且云南大叶种茶树的内含物丰富，有些茶农会将黄片收集起来自己饮用，甚至有些普洱茶爱好者会专门找好的黄片来喝。

9 泡茶不一定都要洗

习惯用盖碗、茶壶泡茶的地区，喜欢第一泡去掉不喝，称为“洗茶”。这有点像广东的餐馆，客人吃饭前会用热水、热茶烫一下餐具，其实没有去污功能，但已成为一种约定俗成的习惯。其实茶叶上并没有什么脏东西需要洗，最多是去掉一些空气中的微尘，有些茶洗了反而会影响口感，比如细嫩的绿茶，直接浸泡饮用就好。其他的茶类可以用热水快速过一遍，起到激发香气、方便工夫茶泡法品鉴的作用；一些紧压过的饼茶、砖茶，第一泡可以用热水浸润 10 余秒再倒掉，因此与“洗茶”相比，这一步称为“润茶”更为贴切。

10 倒茶要倒七分满

俗话说“茶七饭八酒十分”，给别人倒茶的时候只倒七分满几乎是约定俗成的习惯，甚至还有“茶满欺人”的说法。这个现象有礼节的原因，古人认为喝茶是一件雅事，不像喝酒一般富有豪爽之气，应该留有余地。其次这也是一种实际的关怀，茶通常是热饮，倒得太满不好拿取，不小心还会洒出来烫到手，留三分的位置，拿起来更方便，时间一长，这就变成了一种茶桌上尊重对方的行为。如果你总是给别人倒茶十分满，对方很可能以为你在赶客了。

11 茶叶过了保质期，就不要喝了

对于茶叶的保质期，很多茶友都很关心。目前茶的保质期大致分两种，一种是有明确的时间限制，一种是可长期保存。对于有时间限制的茶，比如常见的绿茶、红茶，厂家会在包装上印制 2 年、36 个月等字样，并且标上明确的生产日期。从生产日期开始算，如果一直在干燥、避光、无异味环境下保存，正常情况下在保质期内是可以喝的。茶叶都比较干燥，超出保质期的大概率不会变质，但因为还是会有受潮、走味的风险，影响健康和品饮体验，所以不建议饮用。

对于可长期保存的茶，比如普洱茶、白茶等，有存放价值且越放越好喝，存放多年甚至数十年，依然可以饮用，甚至可以说饮用带来的愉悦感更多，当然前提依然是保存环境合适，无发霉变质现象。

12 明前茶、雨前茶，是基于清明、谷雨节气的茶叶划分

明前茶、雨前茶的概念，主要适用于长江流域，尤其是江南这样四季分明的茶区。它是用传统二十四节气中的清明、谷雨节气来做茶叶的划分，其中西湖龙井、黄山毛峰等绿茶类最为常见。清明节气前，属于早春，气温较低，茶芽刚刚冒出，产出的茶香气好、鲜甜度高，产量低，是金贵的尝鲜茶；过了清明节，谷雨节气前，气温上升，茶树生长速度加快，茶叶浓度增加，醇厚度好，是价格适中的口粮茶；过了谷雨节气，接近春夏之交，气温继续升高，茶的香气减弱，苦涩度趋于明显，产量高，是广泛饮用的平价茶。

13 泡茶时的“茶沫”不是脏东西

冲泡茶叶时，表面常有一层泡沫，难道是混入了洗涤剂？还是有什么脏东西？其实茶中有一种

物质叫作茶皂素，其含量不高，但有起泡性，如果倒水时比较剧烈，就会产生起泡的现象，它并不是什么脏东西；还有一种情况是茶叶的毫毛较多，在倒水时也会导致泡沫增加。喝茶时，我们本能地认为泡沫是一种影响观感的东西，因此用盖碗、茶壶泡茶时，会注入较多的水，冲泡时用盖子刮去，这是对喝茶体验细节的追求，当然如果不刮，也没有什么健康问题。

14 只靠喝茶并不能减肥

喝茶确实有辅助减肥的效果，主要体现在两方面：一是茶中的咖啡因有兴奋作用，心跳加快，促进新陈代谢，身体热量消耗随之增加；二是茶中多种有益成分能促进脂类代谢，如果肉吃得太多，喝茶可以减轻油脂摄入太多带来的负担。但这些程度很有限，一些减肥茶也多是促进排便，没有实际的效果，想要减肥还是要从饮食、运动、睡眠等健康的生活习惯入手，茶可以作为其中的辅助因素。

15 茶桌上的“叩指礼”，是彼此心照不宣的暗号

给朋友倒茶时，朋友不需要说谢谢，只需要伸出手指在桌面敲几下，这就是茶桌上心照不宣的“暗号”——叩指礼。关于叩指礼的来源，传说乾隆南巡时到茶楼喝茶，因氛围轻松随意，便提起茶壶给属下倒茶，属下惶恐，但又不可在公共场合暴露身份，便灵机一动在桌面上用手指轻叩三下，代替跪叩的礼节。随着叩指礼的广为流传，越来越多的人在喝茶时，用食指和中指并拢，在杯子前面轻叩两三下，以此向泡茶人礼貌性地表达谢谢。

16 普洱茶既不是绿茶，也不是黑茶

普洱茶的分类一直是茶圈热议的话题，本书中有介绍六大茶类的工艺及品质特点，却未提及普洱茶。普洱茶分生茶、熟茶。生茶是先将鲜叶按晒青绿茶工艺制成毛茶（半成品），再蒸压成饼、砖等紧压茶，由此看来其中确实有绿茶工艺；熟茶是将毛茶深度发酵制成，既有绿茶的工艺，又有黑茶的工艺。看到这里想必对小白来说有点压力，太复杂了吧！所以看起来，如果用绿茶来定义现在的普洱茶，不太准确，而且普洱茶还有越陈越香的属性，和绿茶追求新鲜的特点不符。用黑茶来定义也会有些片面，毕竟生普没有经过深度的渥堆发酵。目前，我们可以将普洱茶看作一个特殊的茶类，学会区分生熟，并按照本书中“发酵”的概念去理解就好，并不影响茶友们享受一杯好喝的普洱茶。

17 古树茶、年份茶……不可盲目追

茶的品质由多种因素决定，如茶树品种、生长环境、制作工艺等。在普洱茶中还有树龄、年份、山头、纯料和拼配等概念，许多茶友往往认定古树茶就是好、茶叶越老越好，这其实多少有些以偏概全。一棵树龄数百年的古茶树，可能因环境的破坏而长势堪忧；一饼收藏十年的普洱茶，中间会有许多人易手，茶叶来源和存储环境都无法追溯……如果是追求极致口感的结果，那么过程也需要特别注重，这就是为什么很多发烧友花重金到茶叶源头购买茶叶，并细心珍藏。不过对于大部分人来说，在经济能力允许的情况下选择最佳口感，可能比盲目追求某些概念更实际。

18 评茶师和茶艺师有什么区别

评茶师与茶艺师，是茶叶界最被人熟知的两个职业，而且都有职业技能的考试与相关证书。

评茶师的工作在幕后，通过对茶色香味形的评鉴来判断一款茶的品质特点，并通过专业术语来为茶叶制定等级，判定是否值得分享或售卖。

茶艺师的工作更多在台前，即用自己的茶专业知识、冲泡技巧、美学礼仪知识等，将茶泡得好喝，泡得优美，并为消费者提供茶知识、茶文化讲解服务。

19 喝茶提不提神，还要看个体差异

有人说下午喝茶太多，晚上会失眠；也有人说自己晚上睡前不喝点茶，睡不着觉……那么，茶的提神效果到底如何？其实具体来说要看个体差异。茶中的咖啡碱有明显的提神效果，并且在人体内需要8个小时左右才能代谢消失，喝茶后提神醒脑是正常的现象。可也有人天生对茶“免疫”，喝茶也无法带来明显提神效果；还有人只对某类茶敏感，比如喝普洱茶特别精神，喝其他茶却没感觉。

另外，对于一些茶的发烧友，因为长期喝茶，身体对咖啡碱耐受度增强，一天不喝茶反而不习惯，会失眠甚至头晕头痛。因此，喝茶的功效会有一定的个体差异，并非完全通用。

20 隔夜茶无毒，但也不建议饮用

无论是泡过的茶叶还是茶汤，放置4个小时左右就会发生比较明显的风味变化，香气有些下降，鲜爽度下降，酸涩度提高。放置时间更长的隔夜茶，在口感上与新泡的茶肯定相去甚远。而且茶放置太久会有滋生细菌、真菌的风险，即使喝起来无法判断对健康是否有危害，也不建议饮用放置8小时以上的茶。

在前言中，我们说：喝茶是一件重要的小事。说它“重要”，是因为每天有几十亿人在喝茶，或在其他饮料中间接摄入茶，当然不可怠慢。说它是“小事”，在某些方面来说确实如此，如果不是嗜茶的人群，喝茶对大部分人来说只占每天很小的一部分时间，比起处理工作和生活中的一项项挑战，茶更多在扮演一个配角，一幅背景，一根“辅助线”，一味“调节剂”。

我们时常歌颂那些平凡的伟大、点滴的珍贵，茶的风格似乎向来如此，默默滋养，融通万物，香飘世界。曾有读者在我们的新媒体后台留言说：不喝茶几乎不影响我生存下去，但喝了茶之后才明白，什么是对自己更好一点。没人能确定未来茶的变迁会去向何处，但可以确定的是，你手中的这杯茶，会陪你一起走向远方。

在喝茶这件小事的背后，还有无数的从业者、研究者、传播者在辛勤工作，并且乐此不疲、极尽所能地将这一片树叶的美好风味分享给所有人。“茶的故事”在其中默默耕耘，深感幸福。

这本书里有的，是你不用时时刻刻想着，却能在看完之后成为更丰富的自己的学问，无论你是从头到尾读完，还是随时发现了茶方面的疑问而翻开其中一页寻找答案，都希望这些奇思妙想的插画与文字能陪伴你度过有茶的好日子。如果能时而发出感叹：太好看了！太奇妙了！那将是我们最快乐的事。

“茶的故事”团队

茶的故事

专注于茶的内容、传播及供应链的团队，您身边的茶专家。2013 年创立，陆续在微信公众号、微信视频号、今日头条、抖音等平台分享有趣、有料、与日常饮茶相关的茶知识，超过 200 万粉丝在“茶的故事”各自媒体平台学茶、玩茶、买茶。

央视纪录片《茶，一片树叶的故事》媒体支持机构

新榜中国微信公众号 500 强

茶书《好喝！3 分钟爱上中国茶》作者

“茶的故事”公众号
订阅喝茶幸福感

“茶的故事”主创团队

统筹 / 张海鸥

主笔 / 李宗舜

插画 / 孙心慧

特约编辑 / 姜舒文

版式设计 / 李自茹

图书装帧 / 胡椒书衣

监制 / 张延安　陈海平　陈　严

项目执行 / 张素云　施　禹　吴永潇

项目支持 / 陈慧英　申　灿